纺织与服装专业
新形态教材系列

Draping for
Apparel Design

夏如玥　亓晓丽　曲艺彬　主编

服装
立体
裁剪

 化学工业出版社
·北京·

内容简介

本书共分6个项目，从服装立体裁剪基础知识、女装衣身原型的立体裁剪、衣领的立体裁剪、袖子的立体裁剪、裙装的立体裁剪、服装立体构成艺术几方面进行全面讲述。本书通过选择有代表性的款式进行讲解，详细讲述立体裁剪的重点部分，强调技术的规范性和可操作性。同时，书中还提供了大量详细的操作图，示范操作由浅入深、步骤详细，重点突出。

本书可以作为高职院校服装设计等相关专业的教材，也可以帮助服装爱好者学习和掌握服装立体裁剪的各种手法。

图书在版编目（CIP）数据

服装立体裁剪 ／ 夏如玥，亓晓丽，曲艺彬主编.
北京 ： 化学工业出版社，2024. 12. -- （纺织与服装专业新形态教材系列）. -- ISBN 978-7-122-46587-0

Ⅰ. TS941.631

中国国家版本馆CIP数据核字第 20249AX659 号

责任编辑：徐　娟　　　　文字编辑：冯国庆　　　　装帧设计：中海盛嘉
责任校对：李　爽　　　　　　　　　　　　　　　封面设计：刘丽华

出版发行：化学工业出版社（北京市东城区青年湖南街13号　邮政编码100011）
印　　装：河北京平诚乾印刷有限公司
787mm×1092mm　1/16　印张8¹/₂　字数200千字　　　2025年1月北京第1版第1次印刷

购书咨询：010-64518888　　　　　　　　　　　售后服务：010-64518899
网　　址：http://www.cip.com.cn
凡购买本书，如有缺损质量问题，本社销售中心负责调换。

定　　价：58.00元

前言

　　服装立体裁剪又称为服装立体结构设计，是一种直观的造型手法，不受平面图形的限制，能够创造出更加复杂且有创意的服装款式。随着中国时尚产业的发展，市场对人才的需求不断提高，为了使服装专业的学生能够适应市场的需求，更好地了解人体结构，并从中找到立体裁剪中结构变化的原始根据，编者在查阅大量资料的基础上编写了本书。

　　本书共分6个项目，主要介绍了服装立体裁剪，内容基本涵盖大学本科、高职院校服装专业在服装立体裁剪教学中所涉及的范围。本书以图片的形式，逐步分解服装立体裁剪制作的过程，并且详细介绍了服装重点部位立体裁剪的手法及运用技巧，每个项目后都配有思考题与项目练习，可以使学生与读者巩固学习内容，并做到举一反三，设计与制作出更多的服装作品。

　　本书由湖南民族职业学院夏如玥、东莞职业技术学院亓晓丽、南京传媒学院曲艺彬主编，嘉兴职业技术学院孙路苹、苏州高等职业技术学校杨妍、汕头职业技术学院余雁、广州科技贸易职业学院杨焕红等参加编写。其中项目1、项目2由亓晓丽、孙路苹编写，项目3、项目4由曲艺彬、杨妍编写，项目5、项目6由夏如玥、余雁、杨焕红编写。夏如玥还负责沟通与协调以及全书的统稿工作。在本书的编写过程中得到了苏州大学艺术学院、湖南民族职业学院、南京传媒学院、嘉兴职业技术学院领导和部分老师的大力支持。此外，在编写过程中还得到了苏州大学艺术学院李正教授的指导，在此表示真挚的感谢。

　　由于编者水平有限，书中难免存在疏漏和不足之处，敬请广大读者批评指正。

编者

2024年8月

目录

教学内容及课时安排

项目/课时	任务	课程内容
项目1 服装立体裁剪基础知识 （4课时）	1.1	服装立体裁剪概述
	1.2	服装立体裁剪准备
项目2 女装衣身原型的立体裁剪 （8课时）	2.1	原型上衣的立体裁剪
	2.2	衣身原型的省道转移
	2.3	衣身原型的省道变化设计
项目3 衣领的立体裁剪 （12课时）	3.1	立领
	3.2	翻领
	3.3	翻立领
	3.4	水手领
	3.5	平驳领
	3.6	波浪领
项目4 袖子的立体裁剪 （12课时）	4.1	一片袖
	4.2	两片袖
	4.3	插肩袖
	4.4	泡泡袖
	4.5	灯笼袖
项目5 裙装的立体裁剪 （12课时）	5.1	基础原型裙
	5.2	波浪裙
	5.3	郁金香裙
	5.4	连衣裙
项目6 服装立体构成艺术 （4课时）	6.1	褶饰法
	6.2	填充法
	6.3	堆积法
	6.4	编织法
	6.5	镂空法
	6.6	缠绕法

注：各院校可根据自身的教学特点和教学计划对课程时数进行调整。

项目 1
服装立体裁剪基础知识

教学内容 服装立体裁剪的概念和术语；服装立体裁剪常用工具；服装立体裁剪的材料选择与整理。

知识目标 掌握服装立体裁剪的基本概念和常用的工具；了解服装立体裁剪的材料选择与整理；理解服装立体造型在服装设计和制作中的关键作用。

能力目标 能根据不同的场景使用不同的立裁工具。

思政目标 弘扬中华优秀传统文化，引导学生树立正确的价值观和职业素养，培养其良好的团队协作和沟通能力。

服装立体裁剪是与时装设计紧密相关的一种制版方法，它与平面裁剪方法不同，是完成服装款式造型的重要方法之一。立体裁剪是服装设计的一种造型手法，其方法是选用与面料特性相接近的试样布，直接披挂在人体模型上进行裁剪与设计，通过裁剪、折叠、抽缩、拉展等技术手法，制成预先构思好的服装造型，有"软雕塑"之称。

任务1.1 服装立体裁剪概述

对于立体裁剪，通过使用模拟人体穿着状态的裁剪方法，可以直接感知成衣的穿着形态、特征及松量等。不仅适用于结构简单的服装，也适用于款式多变的时装；不仅适合专业设计师和技术人员掌握，也非常适合初学者掌握。本任务将从立体裁剪的由来、立体裁剪与平面裁剪的区别两个方面对服装立体裁剪进行阐述。

1.1.1 立体裁剪的由来

服装结构设计的技术手法主要分为两种：一种为立体裁剪技术；另一种为平面裁剪技术。

传统的东方服饰文化受到人与空间协调统一哲学思想的影响，传统服装基本上以平面裁剪技术为主，在服装造型上基本是借助人体的肩、胸及臀等部位来支撑平面材料，进而形成某种立体效果，但是这种服装并不是完全根据人体的形态而形成的，因此不能完美地体现出人体曲线的起伏变化，还带来人体不需要的冗余，如中国的汉服（图1-1）、日本的和服以及印度的沙丽等。

原始社会，人类将兽皮、树皮、树叶等材料简单地加以整理，在人体上比划求得大致的合体效果，再进行切割，并用兽骨、皮条、树藤等材料进行固定，形成最古老的服装，这便产生了原始的裁剪技术。

13世纪，哥特时代的中期，当时欧洲服装经过自身的发展和对外来服装文化的融合之后，使欧洲人对服装立体造型的感悟逐步加深，服装从平面形态向按

图1-1　汉服

体型构成的形态转变，具体表现出来的服装形态就是三维空间立体造型立体裁剪的原理。

15世纪，哥特时期的耸胸、卡腰、蓬松裙身的立体型服装产生。在这一时期，立体裁剪作为一种服装造型手法开始得到应用。最初，欧洲的裁剪匠人以分体式铁甲的骑士服为灵感，开始按照人体结构将立体造型技术运用到服装造型的裁剪中，从而创造出了真正意义上的三维立体服装。后来，为了彰显女性的曲线美以及更好的区分男女服装造型，服装收腰意识得到发展，最终呈现出女性服装上半身紧身合体，下半身的裙子宽大、拖裾，上轻下重的特点。17～18世纪，经历巴洛克和洛可可时期后，女性服装更加强调扩张感和凹凸变化。西方服装的外形扩张与空间占用，体现了西方哲学以人为主的文化特征。

1.1.2　立体裁剪与平面裁剪的区别

这两种技术手法在服装的制作过程中可以单独使用，也可以组合或交替使用，这两种方法共同实现款式设计的造型塑造。

（1）立体裁剪

立体裁剪是指选用与面料特性相接近的试样布料，或者直接使用不同厚度的白坯布料，直接覆盖于人体模型或人体上，利用各种裁剪手段在三维空间内完成服装造型，进而获得二维版型的服装结构设计方法。可以根据服装款式造型直接在布料上进行修改，也可以进行无公式的二次设计，方便简洁，利于操作。

（2）平面裁剪

在平面裁剪中服装结构的表现形式为二维制图，即通过经验获得的可控数据来确定规格以及尺寸，进而反映服装各部分结构的平面状态，并以工艺手段将平面版型制成立体效果服装的过程（图1-2）。平面裁剪

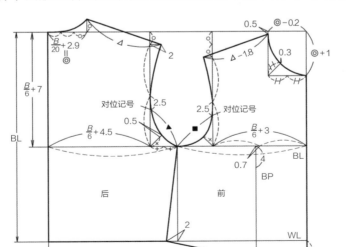

图1-2　平面裁剪版型图

B—胸围；H—等量符号；$\triangle$—后肩线；BP—胸高点；BL—胸围线；WL—腰围线

的公式易掌握，可以一步裁剪到位，而且能进行大规模的生产加工，可降低制作成本。平面裁剪便于初学者掌握与运用，特别是对服装放松量的把握。

（3）平面裁剪与立体裁剪的关系

在完成一件服装设计作品的过程中，立体裁剪和平面裁剪往往是相辅相成的。在立体裁剪时，设计师需要根据以往平面裁剪的经验完成大的框架结构，来控制面料使用的大小。

一些较为常规的成衣造型，如西裤、西服、衬衫等往往使用平面裁剪效率会更高，制作也会更精准。一些礼服裙、设计感较强的服装更适合使用立体裁剪的方法（图1-3）。立体裁剪较平面裁剪更为灵活、多变。

图1-3　立体裁剪服装

任务1.2　服装立体裁剪准备

立体裁剪的准确性直接决定了最终服装的合身度和外观效果。通过充分的准备，可以确保裁剪的精确性，使服装更符合设计师的初衷和穿着者的需求。立体裁剪还可以避免因设计不准确或不合理而导致的材料浪费和重复制作。通过选择合适的布料、合理规划裁剪方案等，可以降低设计成本，提高材料的利用率。

1.2.1　材料与用具

1.2.1.1　立体裁剪的材料

除了有特殊的材料要求或者裁剪要求时，会使用性质相近的面料甚至原面料外，一般情况下，通常使用坯布进行立体裁剪，既考虑其经济性，也可在造型过程中不受颜色和花型的影响，有助于设计师对于整体造型方面的把握和局部的整理。在使用坯布时，可以根据款式的不同来选用不同组织、不同厚度的布料。

（1）不同厚度的坯布

在立体裁剪不同类型服装时，通常会选用不同厚度的坯布，使成品更接近应有的效果。较厚的坯布用于大衣或较厚的外套；较薄的坯布用于较轻薄的款式；中等厚度也就是市面上常见的坯布可用于多种款式，使用面较广（图1-4）。

图1-4　坯布

（2）原面料或相近面料

当服装的面料有特殊要求，使用坯布不能很好地达到理想的效果时，可使用原面料或是与其质地特点相近的其他面料，尽量达到与服装设计要求相一致。注意到经济性，一般会采用与原面料相近但较廉价的面料（图1-5）。

图1-5　原面料或相近面料

　　考虑到市场上可买到的坯布在织造和整理的过程中会有不同程度的纬纱斜度，所以一般在立体裁剪时采用撕开的方法备布，并使用熨斗对布片进行熨烫整理，将丝缕倾斜的布片对角拉伸和拔烫，直至布片的丝缕规正，经纬纱向水平垂直，符合操作要求为止。在使用之前还需在布片上沿经纬纱方向标注中心线、胸围线等基准线。

1.2.1.2　立体裁剪的用具

（1）人台

　　人台又称为人体模型，是模仿人体线条所制作的，在服装设计及立体裁剪中起到代替人体的作用，因此应选用一个体型标准、比例尺寸符合实际人体的人台，同时其质地应软硬适当，便于插拔大头针。实际使用中可以见到很多类型的人台，一般分为以下几类。

　　按人台形态分，人台可分为上半身人台（图1-6）、下半身人台（图1-7）及全身人台（图1-8）。较为常见和常用的是上半身人台，包括半身躯干的普通人

图1-6　上半身人台

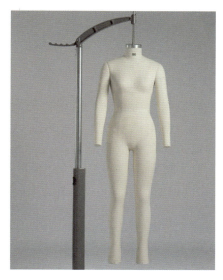

<table>
<tr><td style="text-align:center">图1-7　下半身人台</td><td style="text-align:center">图1-8　全身人台</td></tr>
</table>

台、臀部以下连接钢架裙型的人台和臀部以下有部分腿型的人台，可以根据不同的设计要求和用途进行选择使用。

　　按性别分，人台可分为女性人台（图1-9）和男性人台（图1-10）；按年龄分，人台可分为成人体人台和不同年龄段的儿童体人台（图1-11）。

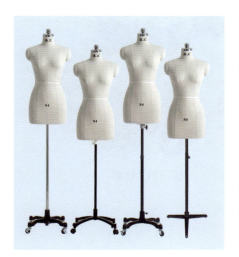

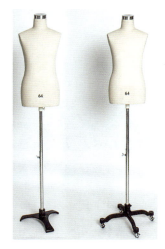

图1-9　女性人台	图1-10　男性人台	图1-11　儿童体人台

　　根据不同国家和地区人种体型体态特征的不同，各国会制作符合本国和本地区人种体型的标准人台，现在较常见的有法式人台、美式人台、日式人台等。

　　在服装教学中多采用成人体人台，对于女性一般使用160cm（身高）、84A（胸围）的人台；对于男性一般使用180cm（身高）、96cm（腰围）、Y（修身）的人台。

（2）剪刀

　　立体裁剪中使用的剪刀要区别于一般裁剪用剪刀，剪身应较小些，刀口合刃好，剪把合手并便于操作。同时还应备有一把剪纸板专用剪刀，不要混用，以免损伤剪刃（图1-12）。

（3）大头针和针插

立体裁剪专用大头针（图1-13）与常见大头针不同，多用钢制成，针身较长、有韧性并且针尖锋利，很容易刺进人台及别合布片，适合教学及日常使用。

针插（图1-14）用于在立体裁剪时插大头针，取用方便。通常使用布面，内填棉花或喷胶棉等，与手腕接触的一面垫上厚纸板或塑料板等，防止针尖刺伤手臂，里侧有皮筋可套在手腕上。

图1-12　剪刀

图1-13　立体裁剪专用大头针

图1-14　针插

（4）尺

立体裁剪中会用到不同的尺，其中软尺（也称皮尺）用于测量身体或人台围度等尺寸（图1-15），直尺、弯尺和袖窿尺等用于各部位尺寸的测量和衣片上各线条的描画（图1-16）。

（5）垫肩

垫肩又称为肩垫，是衬

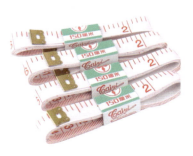

图1-15　软尺

图1-16　直尺、弯尺和袖窿尺

在服装肩部呈半圆形或椭圆形的衬垫物（图1-17）。根据服装款型或补正体型的需要，有时会使用垫肩。在制作一些外套或西服时，加入垫肩能使肩部挺阔、饱满，提高或延长肩部线条，使服装更加具有美观感。

（6）滚轮

在布样或纸板上做记号、放缝份、布样转换成纸板或是复片时使用滚轮（图1-18）。

（7）喷胶棉

喷胶棉（图1-19）用于人台的体型补正或是制作布手臂，也可使用棉花。

图1-17　服装用垫肩

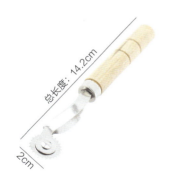

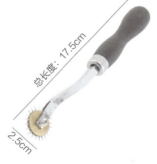

图1-18　滚轮

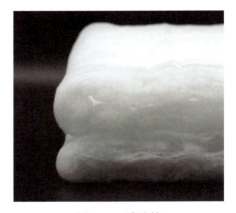

图1-19　喷胶棉

（8）标记带

标记带用于在人台上或衣片上做标志线（图1-20），一般为黑色或红色，可透过布看到，宽度为2~3mm。如没有专用的标记带，也可使用即时贴或其他胶带，裁成一样宽度即可。

（9）蒸汽熨斗

在立体裁剪中用蒸汽熨斗（图1-21）熨烫布片，使其平整和丝缕规正，也用于制作过程中的工艺整熨、定型等。

图1-20　标记带

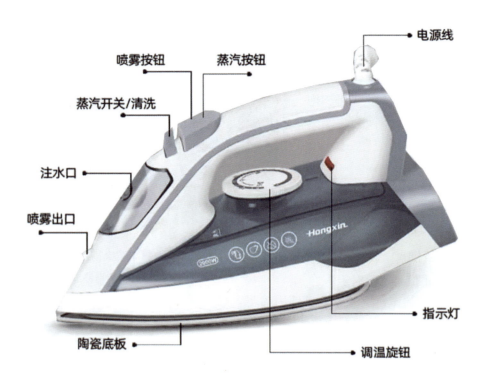

喷雾按钮

蒸汽按钮

电源线

蒸汽开关/清洗

注水口

喷雾出口

指示灯

陶瓷底板

调温旋钮

Hongxin

图1-21　蒸汽熨斗

（10）服装用笔

常用的服装用笔（图1-22）有铅芯较软的铅笔、记号笔等，可标注布片的丝缕方向、轮廓线和标记带，做点影和对合记号等。

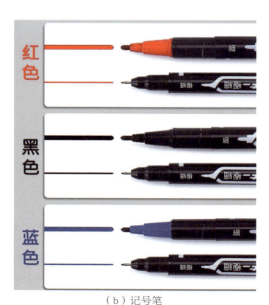

红色

黑色

蓝色

（a）铅笔

（b）记号笔

图1-22　服装用笔

（11）手针和线

手针也叫手缝针，在立体裁剪时可用于服装裁片的临时缝合或配饰的制作。线一般采用本白色和红色的棉线，用作临时假缝和标记（图1-23）。

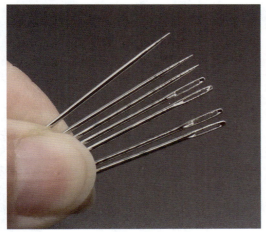

（a）手针　　　　　　　　　　　　　　（b）棉线

图1-23　手针和棉线

1.2.2　人台的准备

1.2.2.1　基准线的贴法

基准线是为了在立体裁剪时表现人台上重要的部位或结构线、标记带等而在人台上标示的标志线。它是立体裁剪过程中准确性的保证，也是操作时布片纱向的标准，同时又是版型展开时的基准线。

除了基本的基准线外，有时要根据不同的设计和款式要求，标注不同的结构线和标记带作为基准线。

（1）前中线

前中线是从前领中心线开始吊铅锤，垂直向下，经过前腰节、前臀围至人台下沿（图1-24）。

（2）后中线

后中线是从后领中心点开始吊铅锤，垂直向下，经过后腰节、后臀围至人台下沿（图1-25）。

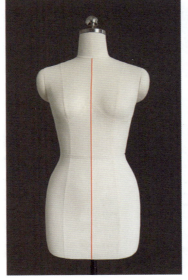
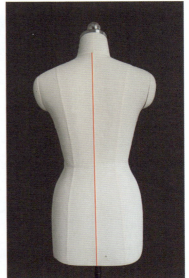

图1-24　前中线　　　　　　图1-25　后中线

（3）领围线

领围线是从后颈点开始沿颈根部，经侧颈点至前领窝点围一周（图1-26）。

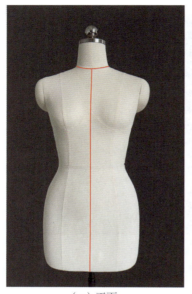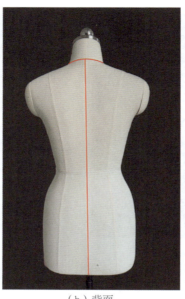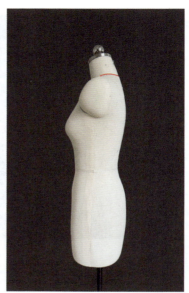

（a）正面　　　　　　　　　（b）背面　　　　　　　　　（c）侧面

图1-26　领围线

（4）胸围线

从人台的侧面找到BP（胸高）点，以BP点为基准线，水平围一周，为胸围线（图1-27）。

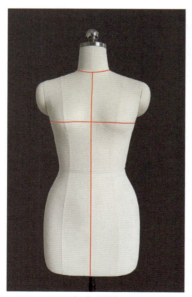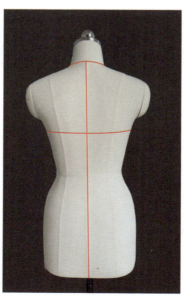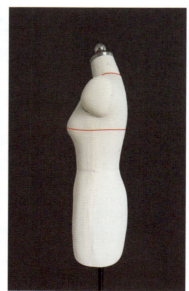

（a）正面　　　　　　　　　（b）背面　　　　　　　　　（c）侧面

图1-27　胸围线

（5）腰围线

以腰部最细处为基准点，水平围一周为腰围线（图1-28）。

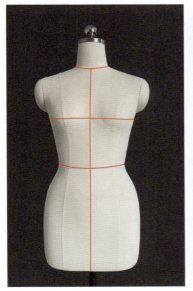
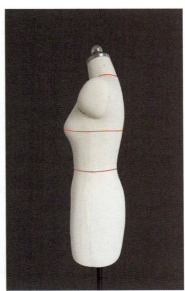

（a）正面　　　　　　　　（b）背面　　　　　　　　（c）侧面

图1-28　腰围线

（6）臀围线

沿前中线、从胸围线垂直向下18~20cm确定臀高点位置，水平围一周，为臀围线（图1-29）。

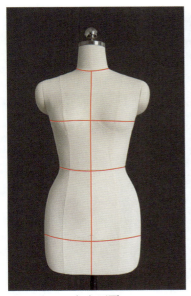
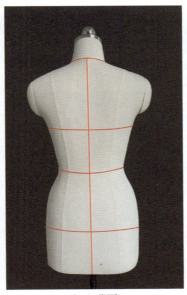
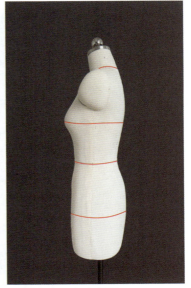

（a）正面　　　　　　　　（b）背面　　　　　　　　（c）侧面

图1-29　臀围线

（7）肩缝线

连接侧颈点和肩端点形成肩缝线（图1-30）。

（8）侧缝线

确认人台前后中心线两侧的围度相等，从人台侧面的胸围线、腰围线、臀围线的1/2点作为参考点，分别向后中心方向偏移1.5cm、2cm和1cm，从胸围线开始，边观察边顺人台走势贴出侧缝线（图1-31）。还可根据视觉美观需求适当调整侧缝线。

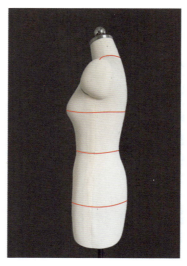

图1-30　肩缝线

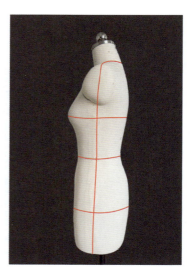

图1-31　侧缝线

（9）袖窿线

以人台侧面臂根截面和胸围线、侧缝线为参考，定出袖窿底、前腋点和后腋点，以圆顺的曲线连接肩端点、前腋点、袖窿底和后腋点一周，贴出袖窿线（图1-32）。注意由于人体结构和功能的关系，前腋点到袖窿底的曲度要较大。

（10）前公主线

从肩线1/2处开始，向下通过BP点，经过腰部和臀部时考虑身体的收进和凸出，从臀围线向下垂直至底摆，为前公主线（图1-33）。

（11）后公主线

从前公主线肩点开始，经过肩胛骨的凸出部位，同前面一样经过腰围线和臀围线，然后垂直贴至底摆，为后公主线。为保证纱向的正确性，在前、后公主线到侧缝的1/2位置向上下保持竖直，贴出侧面基准线，在肩胛骨最高处水平贴出标志线（自后领围线与胸围线连线的1/2处向上约1cm）（图1-34）。

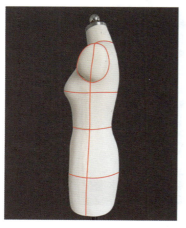

图1-32　袖窿线

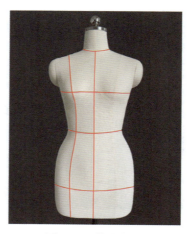

图1-33　前公主线

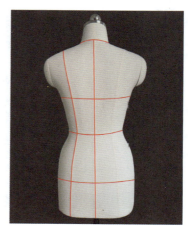

图1-34　后公主线

1.2.2.2　人台的补正

在实际应用中，标准人台是适合普遍规格尺寸的，但在完成不同体型特征和不同款式要求的服装操作时，还需要进行不同部位和尺寸的补正。人台的补正分为特殊体型补正和一般体型补正。特殊体型补正包括鸡胸体的补正、驼背体的补正、平肩体的补正等。一般体型补正包括肩的垫起、胸部的补正、腰臀部的补正、背部的补正等。一般人台的补正，是在人台的尺寸不能满足穿着对象的体型要求或是款式有特殊要求时所进行的补正。人台的补正通常是在人台表面补加垫棉和垫布，使人台外形发生变化。

（1）肩部的补正

根据不同体型和款式要求，在人台的肩部加放棉布，并修整形状。肩端方向较厚，向侧颈点方向逐渐变薄，前后向下逐渐收薄（图1-35）。

（2）胸部的补正

根据测量好的尺寸，在人台胸部表面加放喷胶棉，修整形状，使中间较厚，边缘逐渐变薄，也可使用市场上的胸垫或海绵，将其修剪成椭圆形附在胸部，周围边缘处用大头针固定，调整补正的形状（图1-36）。

（3）臀部的补正

将喷胶棉根据补正的要求加放在人台的髋部、臀部及周边，修整形状，要注意身体的曲线和体积感。根据需要的尺寸裁出布片，将布片覆盖在喷胶棉上，周围边缘处用大头针固定，调整补正的形状，最后沿补正布片边缘固定（图1-37）。

图1-35　肩部的补正

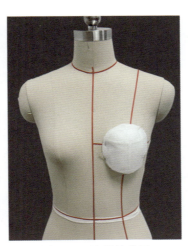

图1-36　胸部的补正

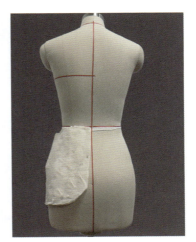

图1-37　臀部的补正

1.2.3　大头针的固定别合

在进行立体裁剪操作时，使用必要的针法对衣片或某个部位加以固定别合，是使步骤简便并保证造型完好的重要手段。

1.2.3.1　大头针的固定法

（1）单针固定

用于将布片临时固定或简单固定在人台上，针身向布片受力的相反方向倾斜（图1-38）。

（2）交叉针固定

固定较大面积的衣片或是在中心位置等进行固定时，使用交叉针固定，用两根针斜向交叉插入一个点，使面料在各个方向都不易移动。针身插入的深度由面料的厚度决定（图1-39）。

图1-38　单针固定　　　　　　　　图1-39　交叉针固定

1.2.3.2　大头针的别合法

（1）重叠法

将两布片平摊搭合后，重叠处用大头针沿垂直、倾斜或平行方向别合，此法适合面的固定或上层衣片完成线的确定（图1-40）。

（2）折合法

一片布折叠后压在另一片布上，用大头针别合，大头针的走向可以平行于折合缝（即完成线），也可与其垂直或有一定角度（图1-41）。

（3）抓合法

抓合两布片的缝合份

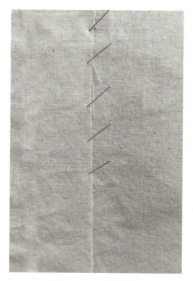 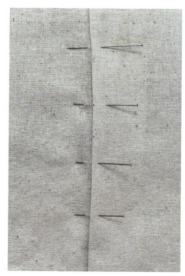

图1-40　重叠法　　　　　　　　图1-41　折合法

或抓合衣片上的余量时，沿缝合线别合，针距要均匀平整。一般用于侧缝、省道等部位（图1-42）。

（4）藏针法

此操作方法是指大头针从上层布的折痕处插入，挑起下层布，针尖回到上层布的折痕内。其效果接近直接缝合，精确美观，多用在上袖时（图1-43）。

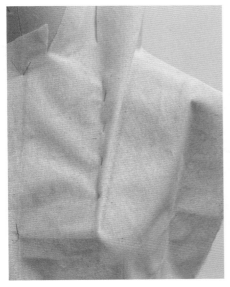
图1-42　抓合法

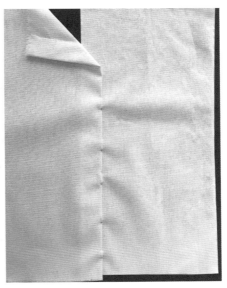
图1-43　藏针法

思考题

1. 服装立体裁剪常用工具有哪些？
2. 立体裁剪和平面裁剪的区别是什么？
3. 肩部的人台补正有哪些步骤？

项目练习

1. 选择适合的人台模型，确保人台的尺寸、形态与目标消费者群体相符。检查人台的平整度和稳定性，确保人台在使用过程中不会发生移动或变形。
2. 在人台上标记基准线，如前后中心线、胸围线、腰围线、臀围线、公主线等。

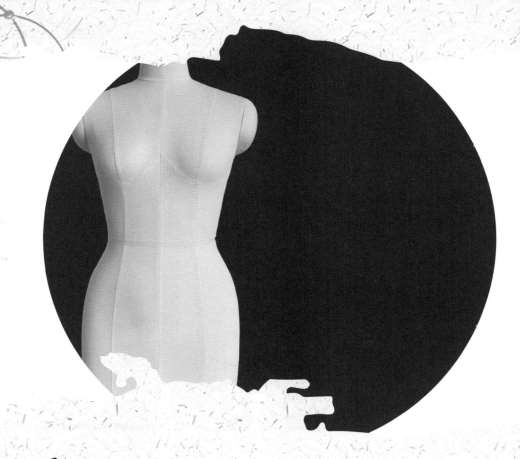

项目 2
女装衣身原型的立体裁剪

教学内容	原型上衣的立体裁剪；原型上衣的省道转移；原型上衣的省道变化设计。
知识目标	掌握原型的立体裁剪的方法、省道转移的方法，理解服装立体裁剪在服装设计和制作中的关键作用。
能力目标	能根据要求设计出不同的省道转移。
思政目标	培养学生的群众意识、服务意识、美育意识，弘扬中华优秀传统文化。

学习服装立体裁剪必须先掌握一套服装的基础样板，其中上衣称为原型上衣，下装称为原型裙和原型裤。所有的服装立体裁剪都需要从衣身原型上变化，通过掌握原型上衣的裁剪，能为服装立体裁剪打下坚实的基础，做到举一反三，触类旁通。

任务2.1　原型上衣的立体裁剪

2.1.1　原型上衣的概念

原型上衣是制作各类上装的基础。原型上衣为四片式结构，前身两片，后身两片。合体型原型上衣基本纸样一般有三种：肩省、腰省原型；腰省原型；侧缝省、腰省原型。设计师可根据不同的设计需求在不同的地方做省道。作为初学者，首先要掌握原型上衣的造型，掌握省道的分配原理以及原型放松量原理。

2.1.2　准备工作

（1）款式分析

本款原型上衣为四片式结构，前身两片，后身两片。在前衣片做了腰省和袖窿省处理，在后衣片做了腰省（图2-1）。

（2）坯布取样

坯布的用量可以直接在人台上获取，也可以从侧颈点经胸高点到腰节的长度加8～10cm操作量来确定前衣片长。后片也从侧颈点经肩胛骨高点至腰节量取长度，加8～10cm操作量。

（a）原型上衣效果　　　　（b）原型上衣平面款式

图2-1　原型上衣效果和平面款式

前、后片宽度从中心线到侧缝的宽度加10~12cm操作量来计算（图2-2）。

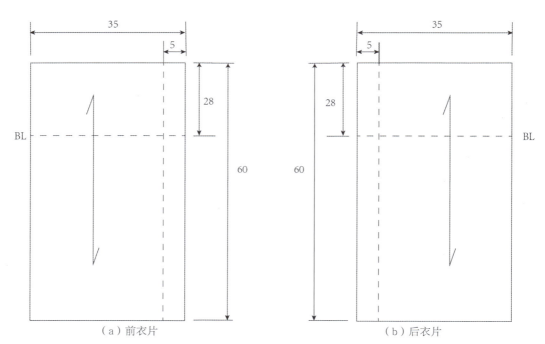

（a）前衣片　　　　　　　　　　（b）后衣片

图2-2　前衣片和后衣片（单位：cm）

BL—胸围线

（3）熨烫

用熨斗整熨布片，确认布片纱向的经纬丝缕保证水平垂直。

（4）人台的准备

在每一片坯布上根据操作需要画出标志线。

在人台上重新贴好袖窿线、肩线。前片前中心线、胸围线与人台的前中心线、胸围线对齐，在前颈点下方用大头针固定，同时在左右BP点用大头针固定，使之保持平直状态。

2.1.3　原型上衣立体裁剪操作步骤

① 前片前中心线、胸围线与人台的前中心线、胸围线对齐，在前颈点下方用大头针固定（图2-3）。

② 胸围线处水平加放2cm左右的松量，在侧面胸围线上用大头针固定，侧颈点到肩点平抚，在肩点固定。

③ 将袖窿部位多余的量集中到前腋点位置，留出一指的空间余量，其余部分作为袖窿省量，用抓合针法别出省道，指向BP点。注意别合时不能紧贴人台，要保留

图2-3　固定前衣片

一定空间，省尖与BP点有3~4cm的间距，省尖消失自然（图2-4）。

④ 侧缝线自上而下到腰节完全贴服在人台上，用大头针在腰部固定。在胸高点以下将腰部形成的余量垂直抓合起来，确定省尖的位置，同时在腰部保留1~2cm的余量作为活动松量，用抓合针法别合，依次顺延到省尖（图2-5）。

⑤ 后片的中心线、背宽线与人台的中心线、背宽线对准，用大头针固定沿后中心线自上而下平铺在人台上（图2-6）。

图2-4　整理袖窿

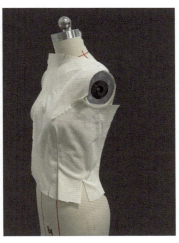

图2-5　确定前腰省

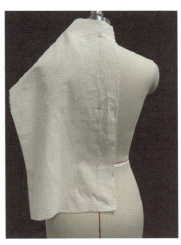

图2-6　固定后衣片

⑥ 抚平肩部，将腰部所有的余量在公主线位置进行抓合，留1~2cm作为松量，其余部分作为省量，省道自然顺延并指向肩胛骨位置，用抓合法别合（图2-7）。

⑦ 观察各部位的形状、松量及丝缕方向，调整之后，在前后领围线、肩线、袖窿线、侧缝线、腰围线、各省道线等部位画出点影线。

⑧ 取下衣身，拔掉大头针，用折叠针法别合省道，肩部缝份倒向后片，然后画顺领围线、肩线和袖窿线，修剪样片，画好衣身片的修正线，再次整理、熨烫，进行复片和拓板（图2-8）。

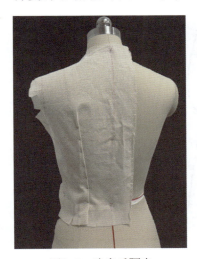

图2-7　确定后腰省

（a）前衣片

（b）后衣片

图2-8　修剪样片

⑨ 用折叠针法假缝（图2-9）或机缝完成样衣制作。

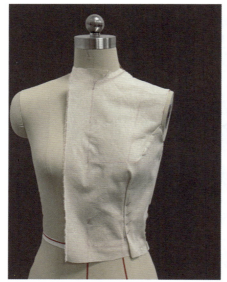
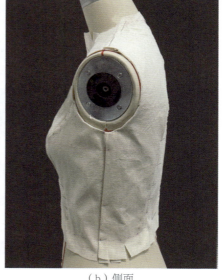

（a）正面　　　　　　　　　　　　　　　　（b）侧面

图2-9　假缝效果

任务2.2　　**衣身原型的省道转移**

前衣身的省道可以围绕BP点进行不同角度的转移，大致可分为领口省、肩省、袖窿省、侧缝省、腰省等，在实际应用中可以根据设计将省量全部转移至一个部位，也可将省道转移至多个部位，作为款式设计的特点存在。

2.2.1　肩省

此款原型将前片省量转移到肩部，后片只在肩部做了收省处理（图2-10）。

① 将前衣片的胸围线、前中心线对准人台的基准线，在前颈点下方、两侧BP点用大头针固定，注

图2-10　肩省

意胸高点之间拉平，不能出现塌陷。

② 腰围处剪去多余布，打剪口整理平服（图2-11），从侧缝向BP点方向轻推出需要的松量，在侧缝处固定。对于胸围线以上的余量，在肩线约1/2处捏省，省尖指向BP点。

③ 确认肩部省量、位置和方向，保留胸宽处和BP点周围的松量，别出省道。将肩线和袖窿处的余布剪去。在侧缝处，由固定点向下，衣片向下与人台贴合，找出侧缝线并在腰部固定，腰部缝份打剪口贴服于人台（图2-12）。

④ 点影（图2-13）后取下衣身，进行调整并重新别合，在人台上试穿并对衣身的空间量、省领围线、肩线、袖窿线等进行观察，并进一步修改和确认。

图2-11　固定坯布

图2-12　确定肩省

图2-13　点影

2.2.2　领口省

① 此款原型将前片省量转移到领口，后片只在肩部做了收省处理（图2-14）。

② 将前片的中心线对准人台中心线，胸围线与人台胸围线保持一致，固定BP点。保持胸围线水平，从侧缝向前轻推，为前衣片加入松量，在侧缝处固定（图2-15）。

③ 将侧缝处衣片抚平，保证胸围和腰部的空

图2-14　领口省

图2-15　固定前衣片

间，确定侧缝，在腰围线处固定，腰围缝份打剪口，在前片领围上确定省位，将袖窿处的余量向肩部转移，再继续推向领围，形成指向BP点的领口省（图2-16）。

④ 确保BP点周围和侧面的松量，观察省的方向、位置及省量，抓合并用大头针别出省道。将领围、肩线、袖窿以及侧缝线等余布剪去。

⑤ 画好点影线（图2-17），取下大头针并调整版型。重新别合后穿回人台，进行再次观察和调整。

图2-16 确定领口省

图2-17 点影

2.2.3 侧缝省

此款原型将前片省量转移到侧缝，后片只在肩部做了收省处理（图2-18）。

① 将前片中心线、胸围线与人台对应的基准线对准，固定前颈点下方和BP点，向上抚平衣片，将衣片固定在人台上（图2-19）。

② 剪去领部多余的量，打剪口使领部平服。从颈部到肩部向下平推衣片，使余量倒向侧缝。

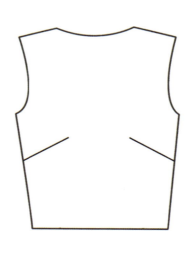

图2-18 侧缝省

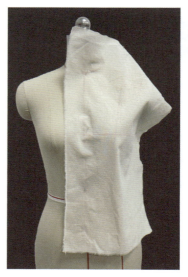

图2-19 固定前衣片

③ 从侧缝向前轻推，在胸围线上加放2.5cm的松量。腰部放1.5cm左右的松量，用大头针固定侧缝，同时在腰部打剪口使布与人台曲线复合。其余省量推向侧面胸围线。

④ 以胸围线为省中线，抓合省量，省尖方向指向BP点，并保持3cm左右的距离，捏合省量在侧缝处固定。剪去肩线、袖窿及侧缝余布（图2-20）。

⑤ 沿净份做出点影（图2-21），取下大头针，画好衣身片及省道的修正线，重新别合后穿回人台。

图2-20　确定侧缝省

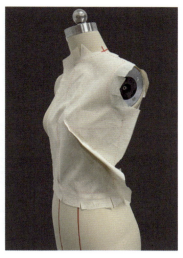
图2-21　点影

任务2.3　衣身原型的省道变化设计

衣身原型的省道变化是服装内部廓形设计变化的重点，设计师往往通过省道在不同部位中的表现和组合，完成结构分割和造型设计。在此重点介绍前衣身操作，后衣身只作辅助操作。人台基准线的标定参考衣身原型的操作方法。

2.3.1　Y字形省设计的概念

Y字形省设计是将前衣片上的省转移到腰部，因左片与右片的交错形成Y字造型（图2-22）。

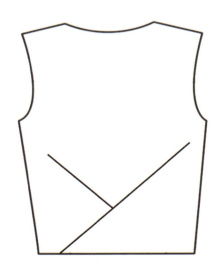
图2-22　Y字形省

2.3.2　准备工作

（1）款式分析

款式为一片式，将衣身多余的省量转移到腰部，形成Y字形省道。

（2）坯布取样

① 坯布准备（图2-23）。

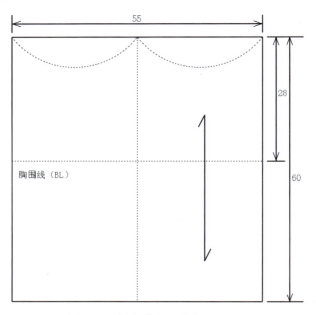

图2-23　坯布准备（单位：cm）

② 将坯布对折，折痕即为前中心线，在中心线上由上至下量取28cm做一条水平线为胸围线。

③ 熨烫。将裁剪好的坯布进行熨烫，纠正丝缕。

④ 人台的准备。在人台上使用红色标记带补充好标志线，贴出省道位置（图2-24）。

2.3.3　省道变化立体裁剪操作步骤

① 固定坯布。将准备好的坯布固定在人台上，使坯布上的前中心线、胸围线与人台的前中心线、胸围线对齐，用双针在颈点、胸围线

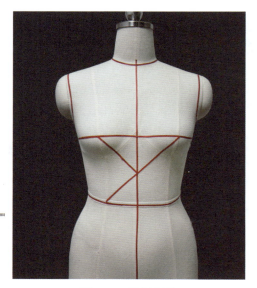

图2-24　贴标记带

等处固定（图2-25）。

　　② 抚平领围线（图2-26）和两侧肩线。边打剪口边抚平领围线，在侧领点处固定，顺势抚平肩线，在肩端点处进行固定。

　　③ 抚平侧缝线。由上往下抚平侧缝线并固定（图2-27）。

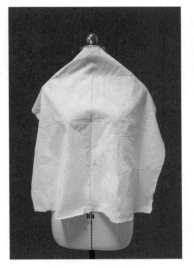
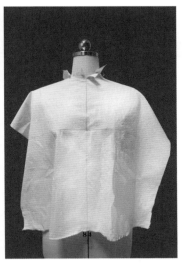
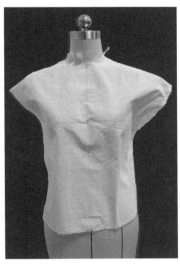

图2-25　固定坯布　　　　　　　图2-26　抚平领围线　　　　　　　图2-27　抚平侧缝线

　　④ 抚平袖窿弧线。从肩端点起由上往下边打剪口边抚平袖窿弧线，并在腋下固定（图2-28）。

　　⑤ 抚平腰围线。抚平Y字形省右侧腰围，将Y字形省与腰围线的交叉点进行固定，此时，右侧所有的省量全部转移到Y字形上，在省量两侧进行固定（图2-29）。

　　⑥ 剪开右省道。将集中起来的省道进行裁剪，用剪刀从中间剪开，注意一定不要剪过省尖，在距离省尖3cm处停止裁剪（图2-30）。

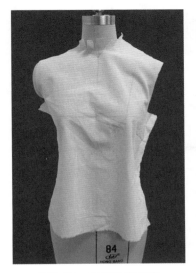

图2-28　抚平袖窿弧线　　　　　　图2-29　抚平腰围线　　　　　　图2-30　剪开右省道

⑦ 抚平左侧侧缝线。由上往下抚平侧缝线并固定（图2-31）。

⑧ 抚平腰围线。抚平Y字形省左侧腰围线，此时，左侧所有的省量全部转移到Y字形上，在省量两侧进行固定。

⑨ 剪开左省道。将集中的省道进行裁剪，用剪刀从中间剪开，注意一定不要剪过省尖，在距离省尖3cm处停止裁剪（图2-32）。

⑩ 将两边省道进行固定，并沿标记带进行点影取样（图2-33）。

⑪ 样片修剪。将坯布从人台上取下，用尺子将点影进行化样修整。

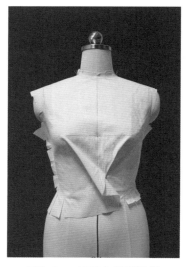 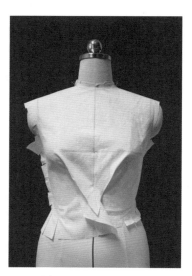 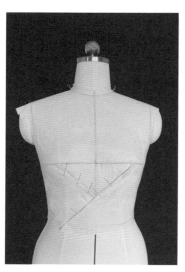

图2-31　抚平左侧侧缝线　　　　　图2-32　剪开左省道　　　　　图2-33　固定省道

思考题

1. 原型上衣的制作步骤分别有哪些？
2. 省道转移时要求省尖必须指向哪里？为什么？

项目练习

1. 根据所学立体裁剪知识，自行设计并裁剪一款简单的服装款式（如裙装、上衣等），并阐述设计思路和裁剪过程。
2. 在实践过程中，你遇到了哪些问题？是如何解决的？有哪些经验教训可以分享？

项目 3
衣领的立体裁剪

教学内容	立领；翻领；翻立领；水手领；平驳领；波浪领。
知识目标	掌握立领、翻领、翻立领、水手领、平驳领、波浪领的基本概念与款式特征，理解衣领的构成原理。
能力目标	掌握立领、翻领、翻立领、水手领、平驳领、波浪领的立体裁剪操作方法和步骤。
思政目标	培养学生传承中华优秀传统文化，提高创新能力，强调环保和节俭理念，培育和践行社会主义核心价值观。

　　衣领用于服装装饰目的的场合非常多，因此，衣领在服装设计中起着重大的作用。设计时要考虑穿着者的头身比例、颈部长短、肩部宽窄以及个人风格喜好等因素。做出漂亮的衣领的条件是：与衣片的领围线相对应领座的高度、领宽、领外围的尺寸是否整体美观，是否形成流畅的外形。

　　本项目对立领、翻领、翻立领、水手领、平驳领、波浪领这六个基本领型的操作步骤进行了详细解析。鼓励学生在掌握基础领型操作方法的同时进行创新性设计，在设计中展现个性和创意从而设计出更时尚的样式。

任务3.1　立领

　　立领的设计可以根据不同的服装风格、场合需求以及个人喜好进行多样化的变化和创新。无论是简约的基础立领还是具有装饰性变化的立领，都能在不同的服装设计中发挥其独特的作用，展现出穿着者的个性和品位。

3.1.1　款式分析

立体元素
秀场图

　　立领是服装设计中一种常见的领型，它以直立的形态贴合颈部，具有一定的立体感和结构性（图3-1）。以下是对不同立领款式的分析。

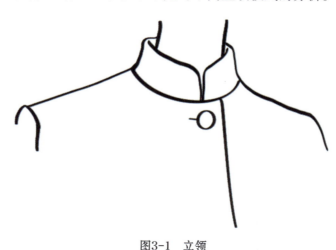

图3-1　立领

　　① 基础立领：这是最简单也是最经典的立领形式，通常表现为紧贴颈部的直立领片，适合各种正式或非正式场合。

② 变化立领：在基础立领的基础上，可以发展出多种变化的款式，如前中央起翘量的变化、领脚线长度的调整等，以满足不同的设计和穿着需求。

③ 圆顺立领：这种立领的上端前部采用圆顺的弧形设计，给人一种复古而柔和的感觉，常见于传统男士中装。

④ 方角立领：与圆顺立领相对，方角立领采用棱角分明的方形设计，显得更加现代时髦，给人带来强烈的视觉冲击和气场。

⑤ 波浪立领：在普通立领的基础上增加了波浪形状的剪裁，使得衣领看起来更加精致细腻，增添了装饰性细节。

⑥ 镂空立领：在立领的下方设计有不同形状的镂空，如水滴形、扇形等，这样的设计是一种富有创意和美感的领型设计，它结合了传统立领的挺拔与镂空元素的独特视觉效果，从而营造出既庄重又不失透气性与细节感的服装款式。

⑦ 切尔西领：这是一种低V领的女性领口设计，具有竖领和长尖的特点，曾在20世纪60年代和70年代非常流行。它在当代的一些时装秀中也有出现，展现了复古与现代的结合。

⑧ 褶皱领：褶皱领特点是有褶边、褶裥或花边镶边堆砌的领型，是一种非常戏剧化的细节元素。

3.1.2　坯布准备

① 测量出领围弧长度，领围弧线长度加4～8cm。

② 从左至右量取4cm，从上至下做一条垂直线即后中心线，在后中心线上由下往上量取2cm做水平线即领围线。

③ 在领围线的基础上往上量取1.3cm做水平线即起翘线。需要注意的是，在领围线上距后中心线3cm处做一个小标记（图3-2）。

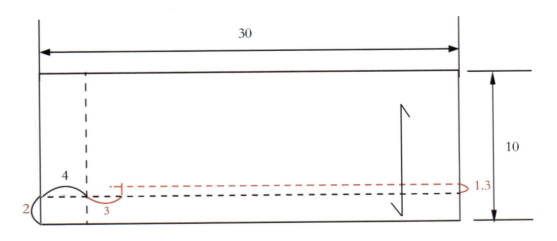

图3-2　立领坯布的裁剪（单位：cm）

3.1.3　立领立体裁剪操作步骤

① 沿人台领口线，用标记线进行立领标记（图3-3）。

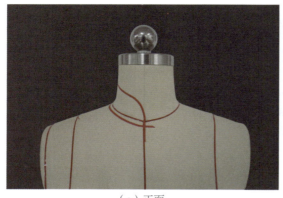

（a）正面　　　　　　　　　　　　　　（b）背面

图3-3　贴标记带

② 将领片布料后中线折痕与人台中线对齐，在后颈点处用大头针固定（图3-4）。

③ 顺着纱向，将领片绕人台领口线一周。

④ 后领口线的立体裁剪。捋顺布料、修剪余量、均匀打剪口，并按纱向从人台的后中线至肩部别合后领口线（图3-5）。

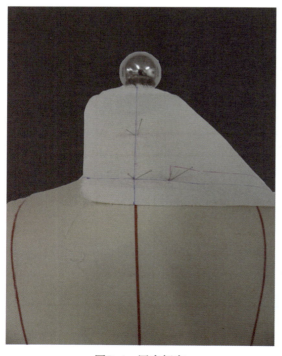

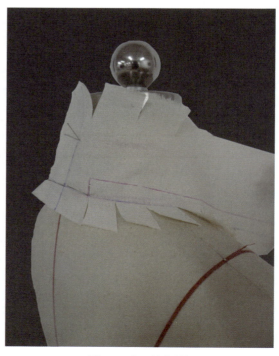

图3-4　固定坯布　　　　　　　　　　　图3-5　抚平领围线

⑤ 将顺布料、修剪余量、均匀打剪口，并按纱向从人台的肩部至前中线别合前领口线。同时，使第二条纬向线与人台的前颈点对齐并固定（图3-6）。

⑥ 留有一个指头的宽松量（图3-7）。

⑦ 从肩线至前中线，绘制新的前领口线，从前领口至后领宽，绘制领子设计的外轮廓线，且与领口线平行，点影（图3-8）。

图3-6　坯布缠绕至领口

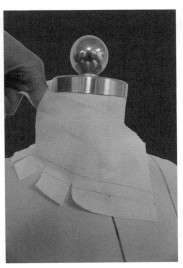

图3-7　一个指头松量

图3-8　点影

⑧ 样片修剪，立领制作完成（图3-9和图3-10）。

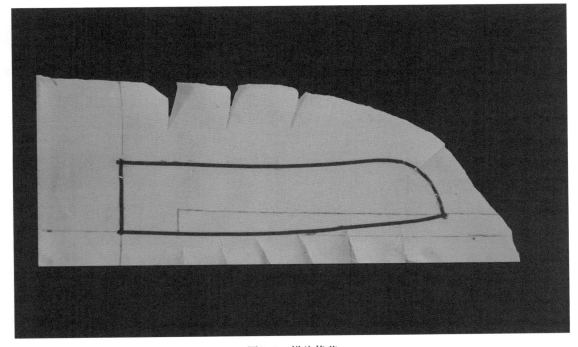

图3-9　样片修剪

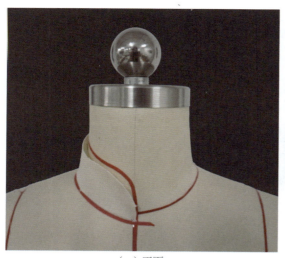 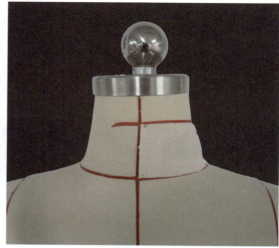

（a）正面　　　　　　　　　　　（b）背面

图3-10　立领制作完成

任务3.2　翻领

　　翻领平铺在衣片上，领口线有较小的弧度。翻领的外廓形通常呈圆形，可以设计成一片或者两片，在前、后均可开口。翻领可以设计成不同的形状和宽度，风格各异。

　　传统的小圆领是一种领口线微弯的翻领，其外轮廓线与衣片的领口线近似。传统的翻领，最显著的特点就是圆形的轮廓和平服的造型。同时，领型的设计可以是领宽的宽窄变化，也可以是外轮廓线的变化。翻领的面料可以选用品质优良的棉、蕾丝、镂空织物或丝绸。

3.2.1　款式分析

　　翻领作为服装设计中的一种常见领型，它的特点在于领子的一部分会翻折下来，形成独特的视觉效果（图3-11）。以下是对不同翻领款式的分析。

（1）驳领

　　这是西装中最常见的翻领类型，它的

翻领元素秀场图

图3-11　翻领

主要构成因素包括底领宽、翻领宽和驳点位置。底领宽通常在2.5 ~ 5cm之间，翻领宽是底领宽加上1 ~ 2cm。驳点的位置理论上可以自由设计，但通常会根据西装的扣子数量来决定。例如，两粒扣西装的驳点在腰线上下，三粒扣西装的驳点在腰线上方约10cm，而一粒扣西装的驳点则在腰线下方约10cm。

（2）翻领夹克领

这种款式的特点是前无领座，直接从领子的肩颈点向内画出领基圆，确定驳折线。在设计时，需要设置立领宽度a和翻领宽度b，并掌握翻领外口松量的制版方法，以确保衣领的舒适度和美观度。

（3）小翻领及其变化

小翻领通常采用直角式制图方法，其难点在于直上尺寸X量值的确定。这个尺寸的不同会直接影响衣领的外形。例如，如果领外口尺寸不足，领面会显得紧绷，导致后领脚线外露。解决方法是以侧颈点为中心，在左右两边分别以1/2后领弧长尺寸为剪开点，剪开后领面外口会自然张开，从而产生直上尺寸X。

（4）领座的高低

领座的高度也会影响领外口线和直上尺寸X。领座越高，领外口线越长，直上尺寸X也会相应增加。这种变化会影响衣领的整体造型和穿着时的舒适度。

翻领的设计需要考虑多个因素，包括衣领的宽度、高度、翻折的程度以及与衣身的连接方式等。设计师在设计翻领时，不仅要注重衣领的功能性和舒适度，还要考虑其与整体服装风格的协调性。通过对不同款式的分析，可以看出翻领在服装设计中的多样性和灵活性，它可以根据不同的设计理念和穿着需求进行创新和变化。

3.2.2　坯布准备

① 布样长度为领围弧线长度加4 ~ 8cm（图3-12）。

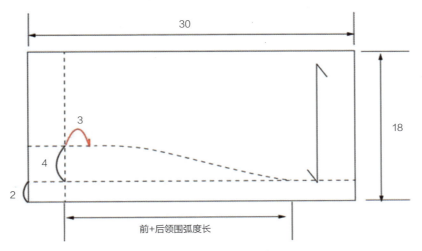

图3-12　翻领坯布的裁剪（单位：cm）

② 布样宽度为领子宽度加4~8cm。

③ 从左至右量取4cm，从上至下做一条垂直线即后中心线。

④ 在后中心线上由下往上量取2cm做水平线，在水平线的基础上往上量取4cm做一条弧线即领围线。需要注意的是，在领围线上距后中心线3cm处做一个小标记。

3.2.3 翻领立体裁剪操作步骤

① 沿人台领口线，用标记线进行翻领标记（图3-13）。

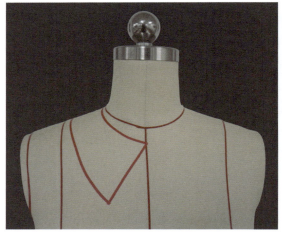 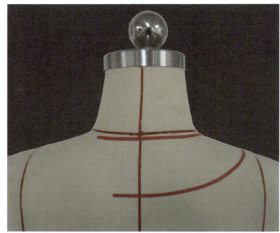

（a）正面   （b）背面

图3-13 贴标记带

② 坯布上所画的后中心线和后领围线需对齐人台上的后中心线和后领围线，用丝针横别固定后中心线与后领围线交叉处，确定领腰高度为3~3.5cm后，再用针横别固定坯布（图3-14）。

③ 后领围线剪口，牙口间距约1cm（图3-15）。

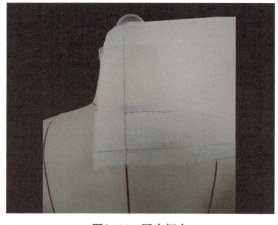 

图3-14 固定坯布   **图3-15 打剪口**

④ 将坯布往下翻折，做出领面高度，领面要盖住后领围线，再往下约0.5cm后，用针固定后领围线，领面下翻、抚平领围线（图3-16）。

⑤ 保持领围的松量与圆润度，画出领围线记号，点影（图3-17）。

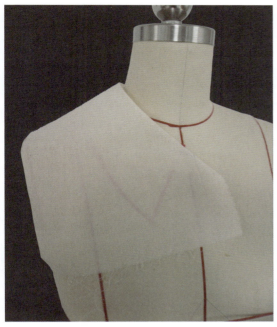

图3-16　领面下翻、抚平领围线

图3-17　点影

⑥ 领围别好后，再把衣领翻到正面，看领围松份是否符合设寸。

⑦ 样片修剪，翻领制作完成（图3-18和图3-19）。

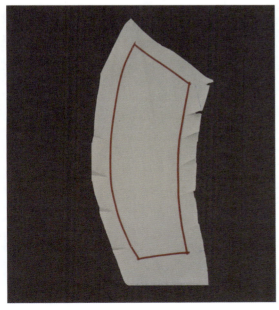

图3-18　样片修剪

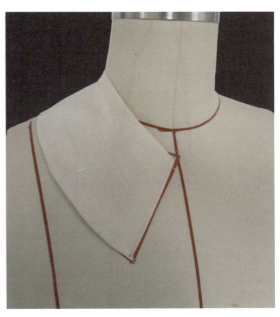

图3-19　翻领制作完成

翻立领

翻立领是立领加一个翻领片的领型,所以它具有立领款式变化的特点，即领窝的变化加立领领片的造型变化，在此变化的基础上，再组加一个翻领片的变化，翻领片多数为正梯形的造型。

3.3.1 款式分析

翻立领是一种常见的服装领型，其特点是领子的一部分能够翻折下来，形成双层的视觉效果（图3-20）。以下是对翻立领款式的分析。

翻立领元素
秀场图

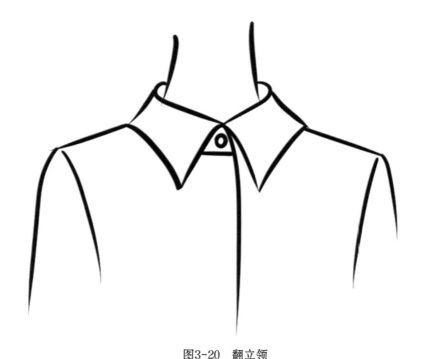

图3-20 翻立领

（1）造型特点

翻立领通常要求左右对称，衣领的形态需要贴合脖颈的形状。由于脖颈上部较细、下部较粗，呈近似圆台形，因此，在设计时需要特别注意衣领的曲线符合人体工学。

（2）起翘量与领宽的关系

在设计翻立领时，前中央的起翘量会影响领围线的尺寸。起翘量越大，领外口线越短，这可能会限制脖子的活动空间。因此，为了保持衣领的舒适度和活动自由度，需要适当增加领脚线的长度。

（3）款式变化

翻立领的设计可以有很多种变化，例如小翻领、大翻领等。不同的设计会直接影响衣领的外观和风格。设计师可以根据不同的设计理念和时尚趋势来创造各种风格的翻立领。

（4）细节元素

翻立领可以通过添加褶皱、边饰或花边等细节来增加戏剧性和装饰性，使其成为服装的亮点之一。

（5）适用场合

翻立领适用于多种服装款式，如校服、衬衫、西装等，它可以根据不同的设计和材质适应正式或休闲的场合。

（6）面料选择

面料的性能也会影响翻立领的设计和造型。例如，硬质面料可以更好地维持领型的结构，而柔软面料则可以提供更舒适的穿着体验。

（7）纸样设计

在制作翻立领时，纸样设计是关键。需要考虑衣领的立体结构和与衣身的连接方式，确保领型美观且结构合理。

（8）单立领与翻立领的差异

单立领是指没有翻折下来的衣领，而翻立领是可以翻折的。这两种领型在设计和制作上有显著的不同，需要根据具体的款式要求来选择合适的类型。

总结来说，翻立领款式在服装设计中具有重要的地位，它不仅能够提供保暖和舒适的作用，而且能够通过不同的设计和细节来展现服装的风格和个性。设计师在设计翻立领时需要综合考虑造型、功能、材料和制作工艺等多个因素，以创造出既美观又实用的服装领型。

3.3.2 坯布准备

① 依照领围的长度，后中心往外加6cm，前中心往外加10cm的粗裁量。

② 依照设计的领子宽度，后领围线往下加3～6cm，领台外缘线往上加3～4cm的粗裁量。

③ 后中心线、后领围线用红笔画线标记，裁片（图3-21）。

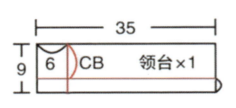

（a）领台

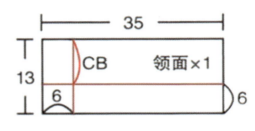

（b）领面

图3-21　翻立领坯布的裁剪（单位：cm）

CB—后领深

3.3.3　翻立领立体裁剪操作步骤

① 沿人台领口线，后领围不下降，侧颈点往外0.5cm，前颈点往下0.5cm，领台外缘线：从后领围线往上3~3.5cm，顺贴到前领围线往上2.5~3cm，用标记线进行翻立领标记（图3-22）。

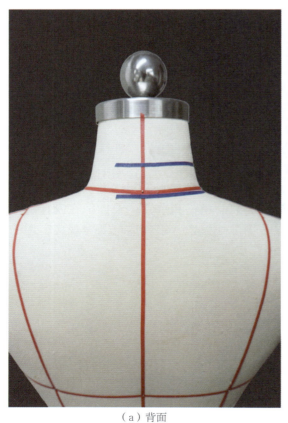

（a）背面

（b）正面

图3-22　贴标记带

② 坯布上所画的后中心线和后领围线需对齐人台上的后中心线和后领围线，用大头针横别固定后中心线与后领围线交叉处，确定领台高度为3～3.5cm后，再用大头针横别固定（图3-23）。

③ 后领围线以下剪口，牙口间距约1cm，将坯布从后往前拉到前颈点后，在侧颈点处放一根手指的松量（图3-24）。

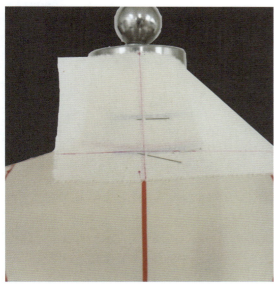

图3-23 固定坯布

图3-24 放松量、打剪口

④ 用消失笔点影，画出领台外缘线的记号。沿着记号往上留1.5cm的缝份后，将多余的布剪掉（图3-25）。

⑤ 完成领台（图3-26）。

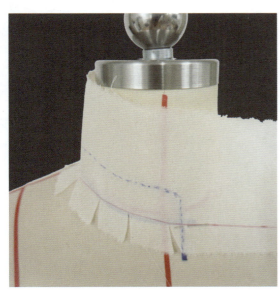

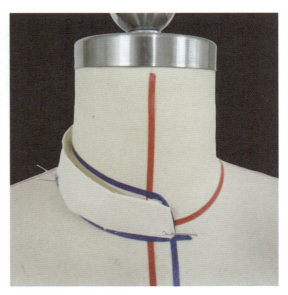

图3-25 点影

图3-26 完成领台

⑥ 将领面的领围别好后（图3-27），再把衣领翻折到正面（图3-28）。

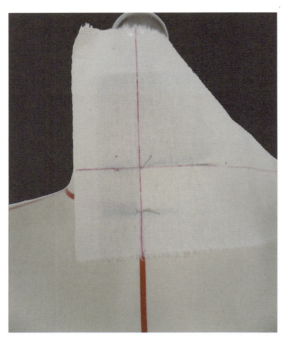

图3-27　固定领面面料

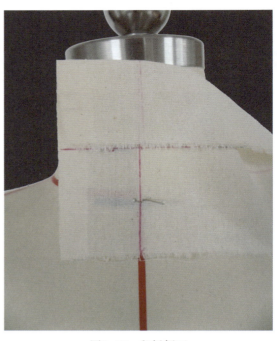

图3-28　翻折领面

⑦ 后领围线打剪口，牙口间距约1cm（图3-29）。

⑧ 用大头针固定后领围线，抚平领面（图3-30）。

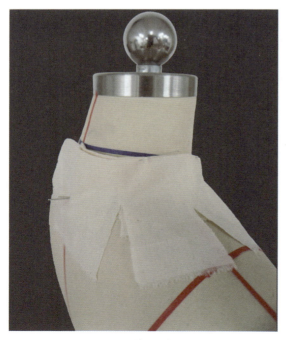

图3-29　后领围线打剪口

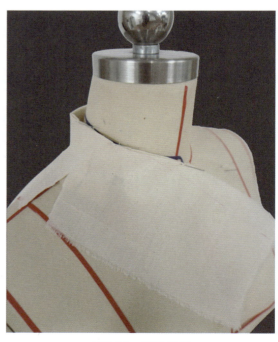

图3-30　抚平领面

⑨ 将领面前领围多余的布折入（图3-31），在领面上标记出翻领形状，画出领面的领围与外缘线的记号，点影（图3-32）。

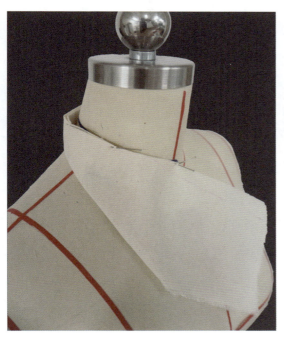

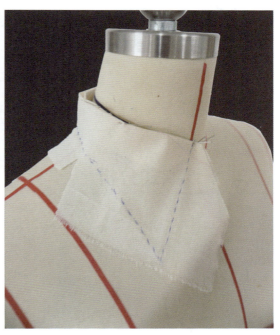

图3-31　将领面前领围多余的布折入　　　　图3-32　点影

⑩ 样片修剪，翻立领制作完成（图3-33和图3-34）。

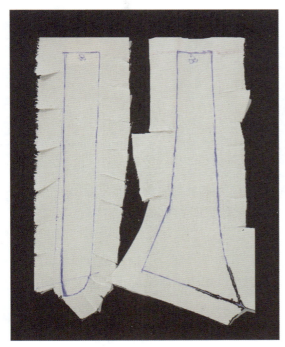

图3-33　样片修剪　　　　图3-34　翻立领制作完成

任务3.4 水手领

海军服上的领为水手领，前领口为V字形。如果要在胸线以下做大开口，要注意贴近胸部。若稍许做些领座，会使衣领更稳定，视觉效果更美观。

3.4.1 款式分析

水手领也称为海军领、水兵领，是一种源自水手制服的服装设计元素，它以其独特的形状和风格在时尚界中占有一席之地（图3-35）。以下是对水手领款式的分析。

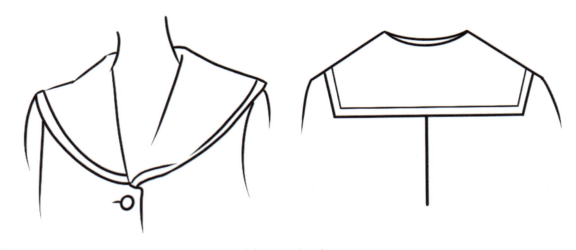

图3-35 水手领

（1）历史背景

水手领的历史可以追溯到20世纪初期，最初是作为水手制服的一部分而出现的。随着时间的推移，这种领型逐渐被引入女装中，并成为流行的时尚元素。

（2）设计风格

传统的水手领的特点是在衣襟处缝有向后呈方形延伸的部分，这种设计既实用又具有辨识度。衣领的短边通常与衣服的肩线齐平或略高，长边则垂直向下，形成鲜明的视觉特征。

（3）实用性考虑

由于长期在海上航行的水手需要考虑到衣物的实用性，因此无领设计可以减少洗涤的次数，同时领子部分不易被油脂和皮屑污染，这也是水手领设计的出发点之一。

（4）流行变化

虽然最初的水手领是为了实用而设计，但在时尚界的演绎下，它逐渐变得多样化。从衣领的短到长，以及衣领上襟线的数量都有所变化，从而适应不同的审美需求和搭配风格。

（5）地域特色

在日本，水手服的衣襟通常分为关东襟系和关西襟系，每种系列都有其特定的设计和细节，反映了不同地区的文化特色。

（6）时尚趋势

随着时尚的发展，水手领的元素也被应用到各种类型的服装中，如连衣裙、衬衫等，成为时尚界的一个经典元素。

综上所述，水手领作为一种经典的服装元素，不仅有着丰富的历史和文化背景，而且在现代时尚中仍然保持着其独特的魅力和实用性。无论是在传统制服的设计中，还是在现代时装的创新中，水手领都是一个不可忽视的设计细节。

3.4.2 坯布准备

① 布样长度为领围弧线长度加20～28cm。

② 布样宽度为领子宽度加20～28cm。

③ 从左至右量取4cm，从上至下做一条垂直线即后中心线（图3-36）。

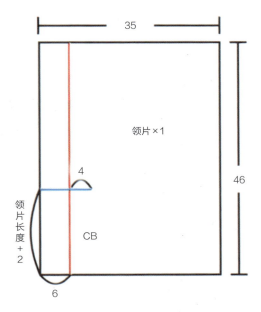

图3-36 水手领坯布的裁剪（单位：cm）

CB—后领深

3.4.3　水手领立体裁剪操作步骤

① 在人台上沿人台领口线，用标记线进行水手领标记（图3-37）。

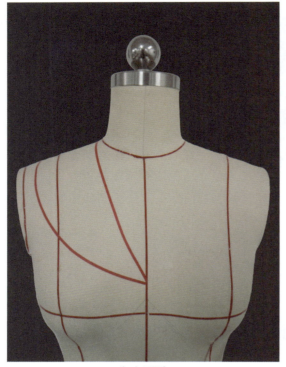

（a）正面　　　　　　　　　　　　　　　　（b）背面

图3-37　贴标记带

② 坯布上所画的后中心线和后领围线需对齐人台上的后中心线和后领围线，用大头针横别固定后中心线与后领围线、后领外缘线交叉处。后领围线往上留1.5cm后剪入约5cm（图3-38）。

③ 将坯布往前中心抚平，抚平前后领围线，将白坯布披在肩膀上，观察领型，在侧颈点抓出领腰高度约0.5cm后，用消失笔点影画出领围线记号，用

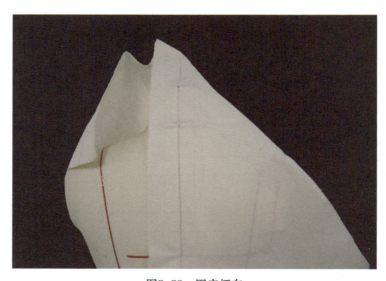

图3-38　固定坯布

横别固定，将多余的布剪掉（图3-39）。

④ 领围线处打剪口（图3-40）。

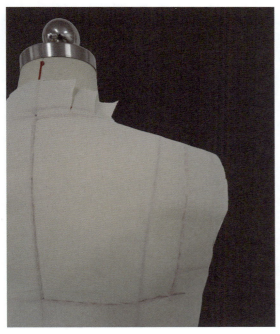

图3-39　抚平前后领围线、点影

图3-40　领围线处打剪口

⑤ 固定水手领前领片领尖点（图3-41）。

⑥ 用消失笔点影画出前领面领外缘线的记号，将多余的布剪掉（图3-42）。

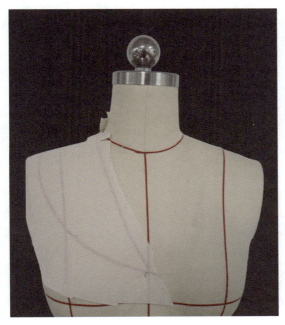

图3-41　固定水手领前领片领尖点

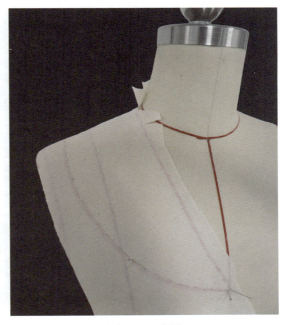

图3-42　点影

⑦ 修剪样片（图3-43），水手领制作完成（图3-44）。

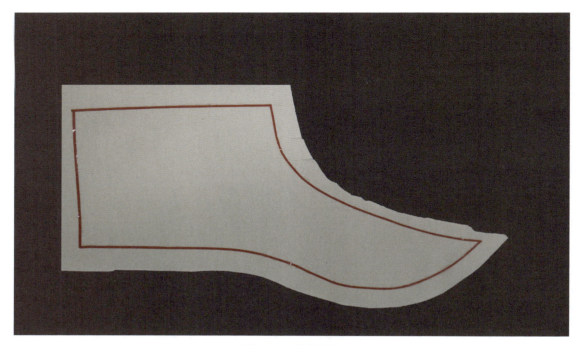

图3-43　样片修剪

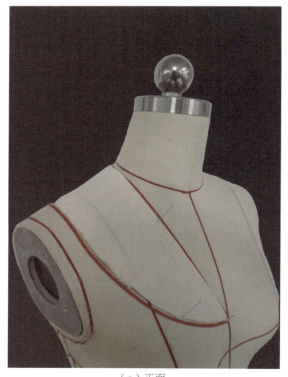

（a）正面

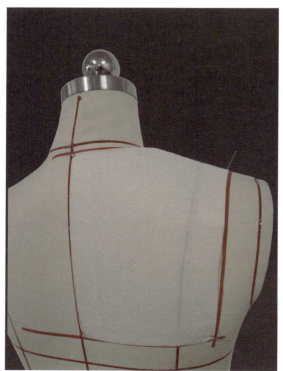

（b）背面

图3-44　水手领制作完成

任务3.5　平驳领

平驳领属于钝领的一种，这种领型在西装中非常常见，被认为是最正统、最经典的领型之一。它的设计简洁大方，适合各种场合穿着，无论是商务还是休闲场合都能展现出稳重、专业的形象。

3.5.1　款式分析

平驳领也称为西服领，在西装的分类中，根据驳头的宽窄和外观，西装的领型可以分为尖领、钝领和青果领等几种，其中平驳领属于钝领的一种。这种领型因其稳重、经典的特性，被广泛应用于各种西装设计中，无论是单排扣还是双排扣的西装都可以看到平驳领的身影（图3-45）。以下是对平驳领款式的详细分析。

图3-45　平驳领

（1）结构特点

平驳领由驳头和翻领两部分组成，驳头的下半片和上半片通常有一个夹角，形成V字形缺口。驳头的宽度影响整体的风格，较宽的驳头显得庄重，而较窄的驳头则更加时尚年轻。

（2）适用场合

平驳领西装是商务场合的首选，其正式程度适中，既不过于严肃也不过于随意，适合参加正式会议、商务洽谈等。在日常生活中，平驳领西装同样适用，可以搭配衬衫和领带，展现成熟稳重的形象；也可以搭配休闲衬衫或T恤，打造休闲时尚的造型。虽然平驳领西装在特殊场合如晚宴、婚礼等可能不如戗驳领或青果领西装气派，但仍然是可以接受的选择。

（3）面料选择

平驳领西装适合多种面料，包括皮革、毛呢、精纺羊毛、混纺梭织类等。不同面料会带来不同的质感和穿着体验。根据季节的不同，可以选择适合的面料来制作平驳领西装。例如，夏季可以选择亚麻或泡泡纱面料，冬季则可以选择保暖性更好的毛呢面料。

（4）搭配建议

在选择搭配时，可以根据个人喜好和场合需求进行搭配。例如，领带的颜色应与西装形成对比或呼应，以增加整体的层次感。除了衬衫和领带外，还可以根据需要搭配胸针、领结等配饰来增加西装的精致感。

综上所述，平驳领以其经典的设计和多样的款式成为人们衣橱中不可或缺的一部分，无论是商务场合还是日常穿搭都能展现出独特的魅力。

3.5.2　坯布准备

① 布样长度为翻领领子宽度加领座宽再加8～10cm，驳领为前片衣长加8cm。

② 布样宽度为翻领后片领围弧线长加8～10cm，驳领为1/4胸围加8～10cm。

③ 翻领从左至右量取4cm，从上至下做一条垂直线即后中心线，在后中心线上由下往上量取2cm，做一条水平垂直线，即领围线。在领围线上距离后中心线3cm处做点标记。驳领从右至左量取15cm做一条垂直线即前中心线，在前中心线上由上往下量取28cm做垂直水平线即胸围线（图3-46）。

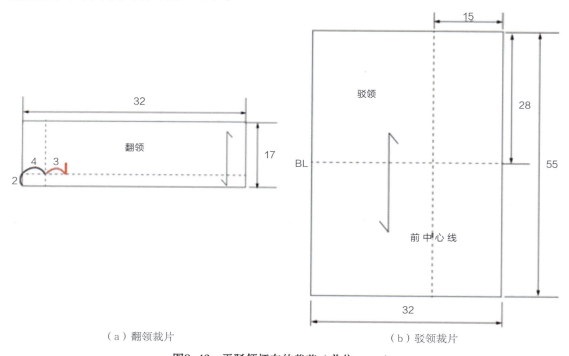

（a）翻领裁片　　　　　　　　　　　（b）驳领裁片

图3-46　平驳领坯布的裁剪（单位：cm）

3.5.3　平驳领立体裁剪操作步骤

① 贴标记带，确认平驳领领型，由于平驳领是与前衣身缝制在一起的，所以要先裁剪前衣身，用标记带确定领底线，衣身上也做一道腰省（图3-47）。

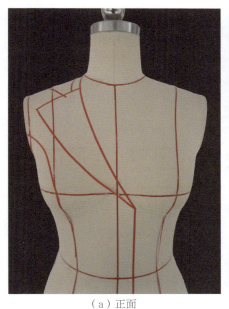
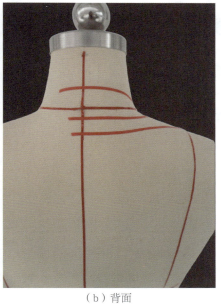

（a）正面　　　　　　　　　　　　　（b）背面

图3-47　贴标记带

② 将做好标记线的前衣身用坯布固定于人台上（图3-48），翻折点处打剪口（图3-49）。

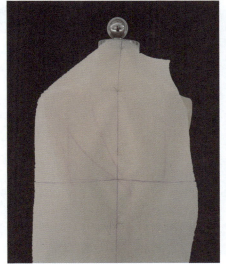
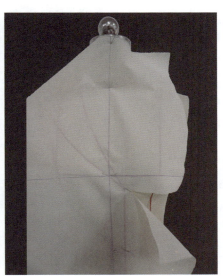

图3-48　固定坯布　　　　　　　　图3-49　翻折点处打剪口

③ 抚平领围线（图3-50），将衣片沿该领底线进行驳领翻折（图3-51）。

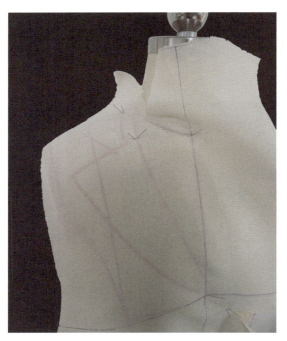

图3-50　抚平领围线

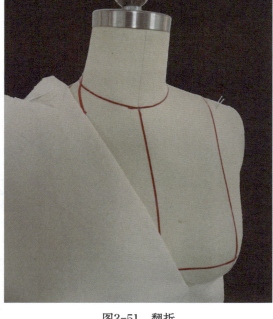

图3-51　翻折

④ 用消失笔点影确定驳领造型轮廓和前片轮廓（图3-52），再点影，取下衣片进行整理并裁剪，得到驳领衣片（图3-53）。

图3-52　标出驳领造型

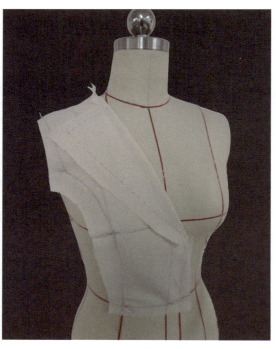

图3-53　前片点影

⑤ 将预裁好的翻领布片固定于后中线。沿颈侧部转至前衣身，调整领片并固定（图3-54）。

⑥ 沿着领围线处打剪口，抚平领围线（图3-55），调整翻领后部造型、点影（图3-56）。

⑦ 转至衣身前片，调整翻领折线与驳折线的吻合度。从后颈部开始标记翻领轮廓线。转至前身，标记翻领正面的标记带（图3-57）。

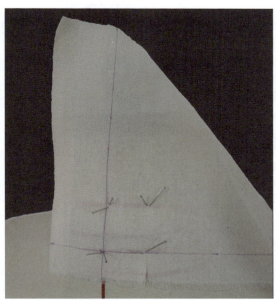

图3-54　固定翻领坯布

图3-55　沿领围线打剪口

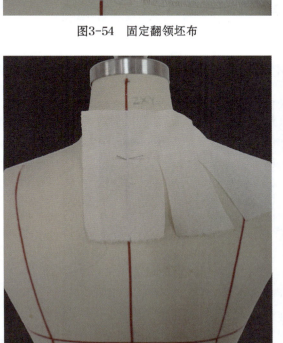

图3-56　抚平领围线、翻折坯布

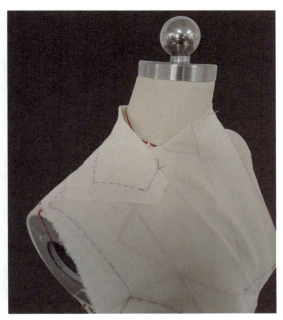

图3-57　调整翻领造型、点影

⑧ 将驳领上翻，压住翻领进行标记并修剪。对已经标记好的翻领做领底线的点影记号。同样对标记好的驳领下口做点影记号。

⑨ 取下衣片，得到驳领和翻领的领片，修剪样片（图3-58）。

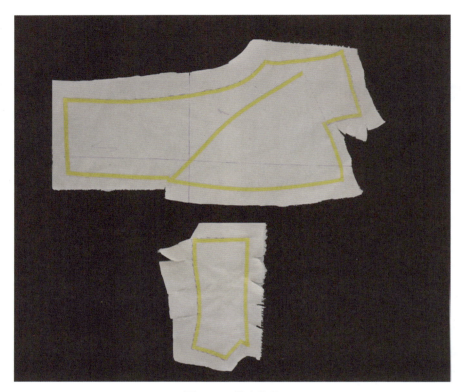

图3-58　样片修剪

⑩ 将各衣片装于人台，完成平驳领的整体造型（图3-59）。

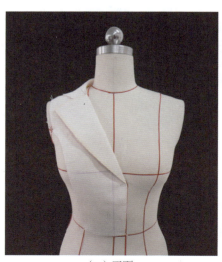
（a）正面

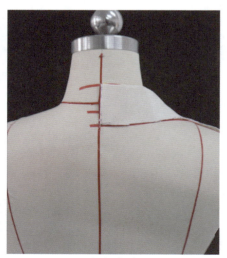
（b）背面

图3-59　平驳领制作完成

波浪领

波浪领就是从肩颈处开始有波浪造型，一般用于礼服、马甲背心、上衣和简洁的夹克。波浪领的设计继承了拉夫领的褶皱和波浪形状，经过几个世纪的演变，变得更适合现代服装审美，非常具有女性化特质。柔和的波浪领设计，可以通过改变长度和形状，设计出不同风格的波浪领，柔软的面料和针织面料都是很好的选择。

3.6.1　款式分析

波浪领元素
秀场图

波浪领是一种领边呈起伏波浪形状的领型，它增添了服装的浪漫与俏皮感（图3-60）。以下是对波浪领款式的详细分析。

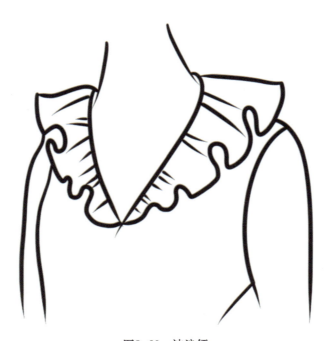

图3-60　波浪领

（1）设计风格

波浪领的设计灵感来源于西方服装风格，通过在衣领中加入深色或亮色的镶嵌，使衣领边缘形成起伏的波浪形状。这种设计不仅增加了服装的层次感，而且赋予了服装更多的动感和时尚感。

（2）适用场合

波浪领通常用于年轻女性的服装设计中，因为它的设计较为活泼，适合年轻、时尚的群体。

（3）搭配效果

波浪领的设计使得领型更加独特，不拘泥于传统的领型设计，适合各种脸型的女性尝试。对于脸型过于方正或棱角分明的人来说，穿着波浪领的服装可以使脸部线条看起来更柔和。

波浪领作为一种独特的领型设计，不仅增加了服装的美观度，而且为穿着者带来更多的时尚感和个性化选择。它的设计理念和应用技巧都体现了服装设计中的创新和细节处理的重要性。

3.6.2 坯布准备

① 布样长度为领围弧线长度加20～28cm。布样宽度为领子宽度加20～28cm。

② 从左至右量取4cm，从上至下做一条垂直线即后中心线，在后中心线上由下往上量取20cm，做一条水平垂直线，即领围参考线（图3-61）。

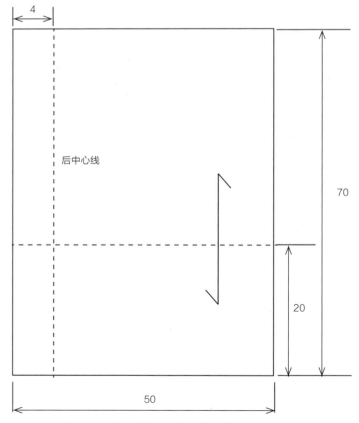

图3-61　波浪领坯布的裁剪（单位：cm）

3.6.3　波浪领立体裁剪操作步骤

① 把准备好的裁片放在人台上，用大头针固定前中线（图3-62）。

② 固定3cm点（图3-63），在肩部以下，将顺布料自然下垂，立裁出第一个波浪（图3-64）。以此类推，立裁出第二、三个波浪（图3-65和图3-66）。

③ 标记波浪领设计形状和长度，把层叠在前身的布料进行修剪（图3-67）。

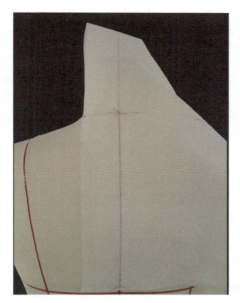

图3-62　固定坯布

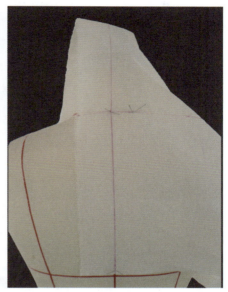

图3-63　固定3cm点

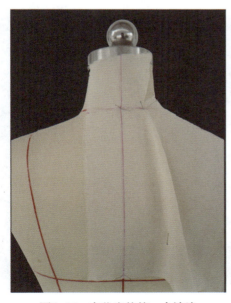

图3-64　立裁出的第一个波浪

图3-65　立裁出的第二个波浪

图3-66 立裁出的第三个波浪

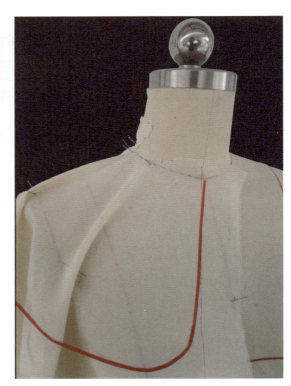

图3-67 领形标记

④ 将完成的裁片从人台上取下，修剪样片（图3-68）。

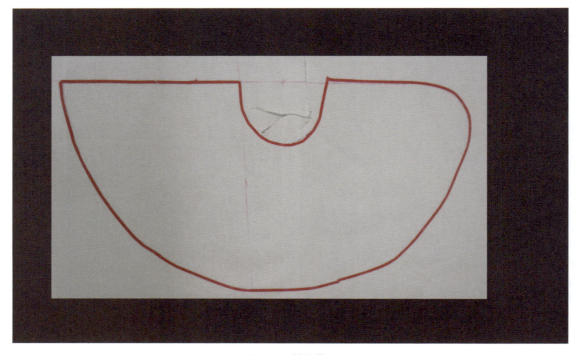

图3-68 样片修剪

⑤ 放回人台并检验波浪领的合体度和流畅度，波浪领制作完成（图3-69）。

 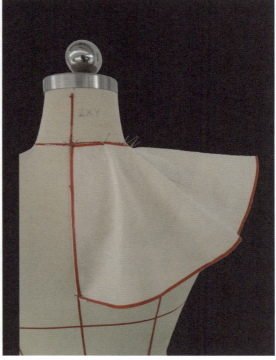

（a）正面 （b）背面

图3-69 波浪领制作完成

1. 简述立领的造型特点，并动手完成立领的立体裁剪。

2. 简述翻领的造型特点，并动手完成翻领的立体裁剪。

3. 简述翻立领的造型特点，并动手完成翻立领的立体裁剪。

4. 简述水手领的造型特点，并动手完成水手领的立体裁剪。

5. 简述平驳领的造型特点，并动手完成平驳领的立体裁剪。

6. 简述波浪领的造型特点，并动手完成波浪领的立体裁剪。

项目 4
袖子的立体裁剪

教学内容　　一片袖；两片袖；插肩袖；泡泡袖；灯笼袖。

知识目标　　掌握一片袖、两片袖、插肩袖、泡泡袖、灯笼袖的基本概念与款式特征，理解袖子的构成原理。

能力目标　　掌握一片袖、两片袖、插肩袖、泡泡袖、灯笼袖的立体裁剪操作方法和步骤。

思政目标　　培养学生对中国传统文化的认识和理解，激发其在现代服装设计中传承和创新传统文化的热情。

衣袖是指覆盖人体手臂部分的袖片，是衣服中运动最多的部分，静止下垂的时候倘若完全无皱褶，虽然极为美观，但无机能性。可是，如果把机能性放在首位就容易产生皱褶，破坏美感。因此，要注意将机能性和美观性综合起来进行考虑。一般来讲，袖山、袖肥与衣身松量相互关联。随着它们的变化，袖的机能性也产生变化。袖山高，袖肥就窄，衣身的松量就少；相反，袖山低，袖肥就大，衣身的松量就多。衣袖的制作可以采用立体裁剪，也可以用平面裁剪，一般普通袖形用平面裁剪比较方便，但对变化袖形用立体裁剪就容易解决了。

任务4.1　一片袖

袖子是服装上用于遮蔽手臂的部分。袖子通常与服装通过肩线与袖窿弧线缝合在一起。袖子"插进袖窿"，就是这个术语的由来。袖子中部的横纹线应该顺着手臂曲线自然下落。

一片袖（图4-1）适合传统袖窿弧线。这种袖子需要形成一个"袖山头"来贴合手臂顶部曲线的松量，有时被称为插入型或封闭型衣袖。因为对于这种袖子，要先缝制侧缝和肩线，再缝制袖山曲线和袖窿弧线。

一片袖元素秀场图

4.1.1　款式分析

一片袖，作为服装设计中的一种基础袖型，其特点和分类如下。

（1）特点

① 结构简洁。一片袖通常由单一的面料片构成，没有复杂的接缝或多余的装饰，这使得它在视觉上显得干净利落。

② 活动自如。由于一片袖的结构相对简单，它为穿着者提供了较大的活动空间，使得日常动作更加自如。

③ 搭配灵活。一片袖的设计可以很容易地融

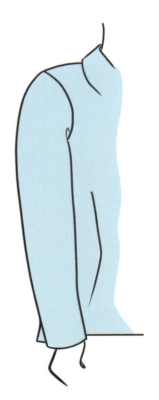

图4-1　一片袖

入各种不同的服装风格中，无论是正式还是休闲，都能展现出不同的时尚感。

（2）分类

① 合体一片袖。紧贴手臂的袖型，适合正式或需要展现身形的场合。

② 宽松一片袖。提供更多的活动空间，适合日常休闲穿着。

③ 喇叭袖。下端宽大，形状类似喇叭，具有很好的装饰效果。

④ 泡泡袖。在袖山上部增加褶量，形成泡泡状，增添服装的可爱感。

⑤ 插肩袖。袖子与衣身之间的分割线可以任意分割，形成不同的视觉效果。

此外，在制作一片袖时，需要考虑袖肥数据和袖弦夹角数据，以确保衣袖的舒适度和美观度。同时，一片式的插肩袖在推档方法上与两片袖有所差异，需要特别注意计算推档值和设定合适的推档公共线。

总体来说，一片袖的设计不仅要考虑其实用性和舒适度，还要注重其与整体服装的协调性和美观性。通过不同的设计和剪裁技巧，一片袖可以变化出多种风格，满足不同人群的需求。

4.1.2 坯布准备

① 布样长度为袖长加6~8cm。布样宽度为臂根围加6~10cm。

② 将坯布对折找到中心线即为袖中线（图4-2）。

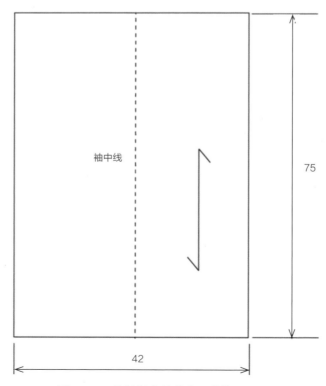

图4-2 一片袖坯布的裁剪（单位：cm）

4.1.3　一片袖立体裁剪操作步骤

　　① 坯布上所画的中心线和袖宽线需对齐手臂外侧的中心线和袖宽线，坯布内折5cm（图4-3）。

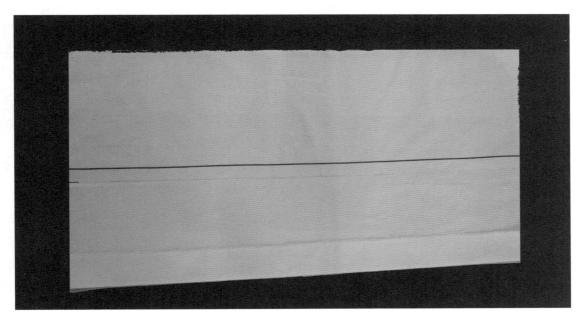

图4-3　坯布内折5cm

　　② 继续内折到袖中线（图4-4），叠加对折（图4-5）。

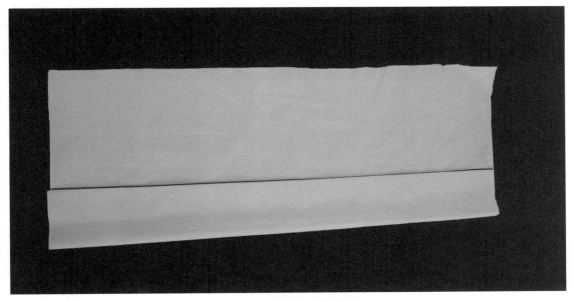

图4-4　继续内折到袖中线

图4-5　叠加对折

③用大头针横别固定中心线与袖宽线交叉处往上下各4cm处、手肘处，确定袖长后，将袖口坯布翻折，固定袖口处（图4-6）。

图4-6　大头针固定袖口及袖肘

④ 袖口处，坯布上所画的中心线须对齐手臂外侧的红色虚线，剪开袖窿（图4-7）。

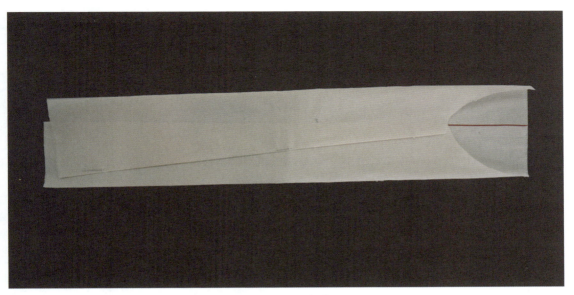

图4-7　剪开袖窿

⑤ 将坯布包覆手臂，将前、后袖宽线折入，用消失笔画出前、后袖的袖下线记号，用大头针固定（图4-8），并固定袖山底（图4-9）。

⑥ 剪开1/3处固定点（图4-10），沿着前、后袖的袖宽线往上2.5cm处，往内1cm剪口。

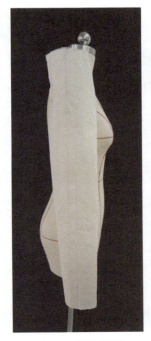 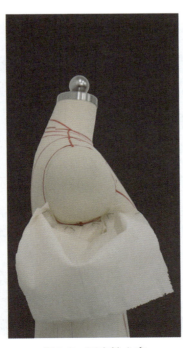 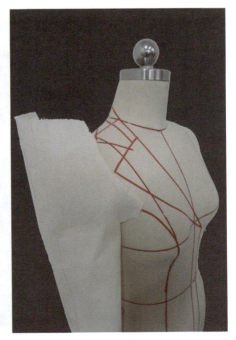

图4-8　固定袖子　　　　图4-9　固定袖山底　　　　图4-10　剪开1/3处固定点

⑦ 将多余的布剪掉，抚平前后袖窿中部后处理袖山吃势量（图4-11），点影（图4-12）。

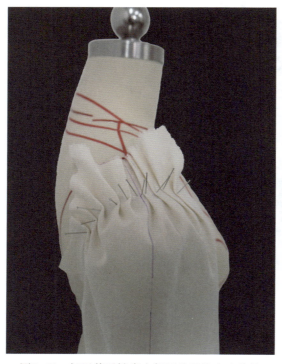

图4-11　抚平前后袖窿中部后处理袖山吃势量　　　　　　图4-12　点影

⑧ 修剪样片（图4-13），袖山吃势量部分手工抽褶（图4-14）。

⑨ 将袖片用大头针横别固定于人台，一片袖制作完成（图4-15）。

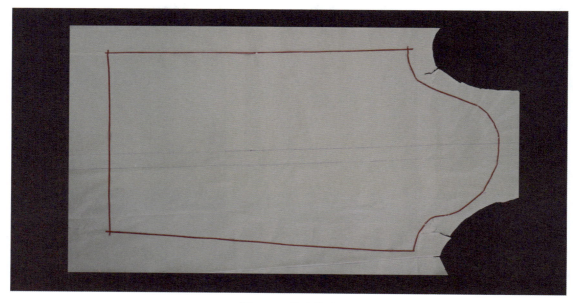

图4-13　样片修剪

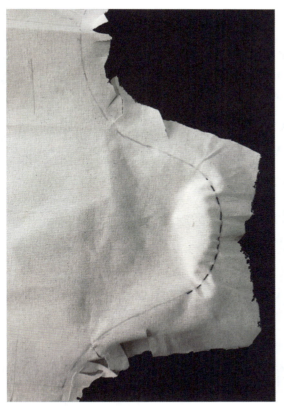
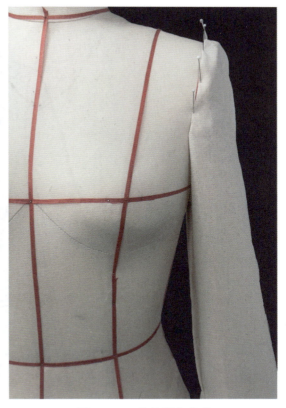

图4-14　手工抽褶　　　　　　　　　图4-15　一片袖制作完成

任务4.2　两片袖

　　两片袖是一种具有较强立体感和层次感的服装设计元素，适用于各种类型的服装中。然而，由于其结构的限制，穿着者的活动范围可能会受到一定的限制。因此，在选择两片袖设计时需要综合考虑其优缺点以及适用场合。

4.2.1　款式分析

两片袖元素
秀场图

　　两片袖（图4-16）是一种由两个独立的面料片构成的袖子设计，其特点和分类如下。

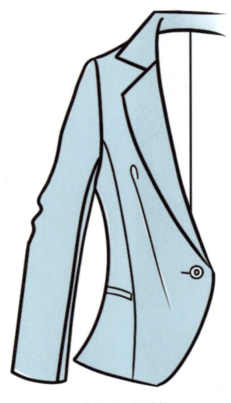

图4-16　两片袖

（1）特点

① 结构复杂。相比于一片袖，两片袖的结构更为复杂，通常包括袖筒和袖头两部分，有时还会加入褶皱或其他装饰元素。

② 立体感强。由于两片袖的设计可以形成更多的阴影和光影效果，因此它具有较强的立体感和层次感。

③ 活动有限。虽然两片袖在视觉上更具立体感，但由于其结构的限制，穿着者的活动范围可能会受到一定的限制。

（2）分类

① 标准两片袖。这是最基础的两片袖设计，通常用于正式场合或需要展现身形的服装中。

② 喇叭两片袖。在标准的两片袖基础上增加喇叭设计，使得袖子下端呈现出宽大的效果，增添了服装的动感和时尚感。

③ 泡泡两片袖。在袖山上部增加褶量，形成泡泡状，增添服装的可爱感和俏皮感。

此外，在制作两片袖时还需要考虑以下两个因素。一是面料选择，由于两片袖的结构较为复杂，因此需要选择适合该设计的面料，以确保服装的整体效果和舒适度。二是工艺技巧，在缝制两片袖时需要掌握一定的工艺技巧和缝纫方法，以确保袖子的平整度和美观度。

4.2.2　坯布准备

两片袖坯布的裁剪如图4-17所示。

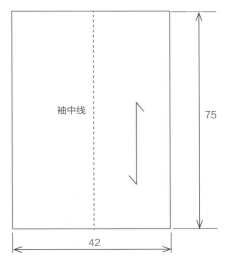

图4-17　两片袖坯布的裁剪（单位：cm）

4.2.3　两片袖立体裁剪操作步骤

① 在一片袖样片基础上进行两片袖的袖片制作，在样片上画出肘围线和前、后袖窿点，垂直肘围线的两条直线，并在两条直线上画出两个锥形省，使袖片更加符合人体结构，便于活动（图4-18）。

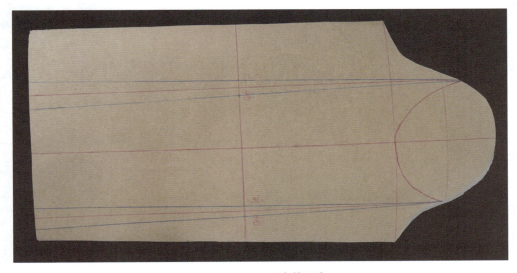

图4-18　画出两个锥形省

②剪除两个锥形省（图4-19）并合并袖片，将其固定（图4-20）。

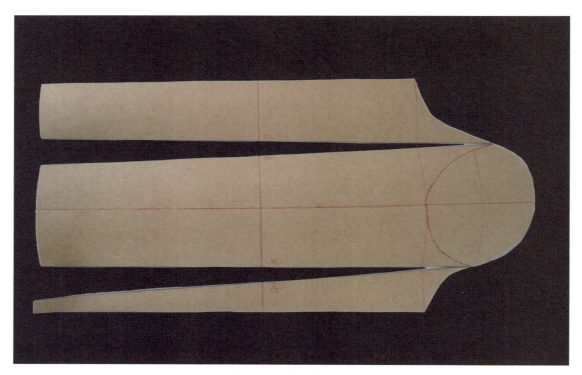

图4-19　剪除两个锥形省

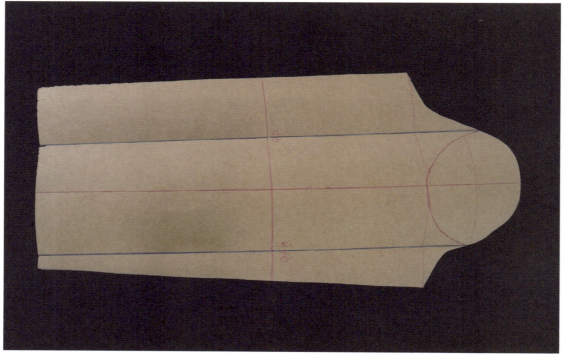

图4-20　合并袖片

③ 剪开肘围线，以肘围线和袖中线的中心点为轴心，打开加量2cm左右，贴合人体手肘弯曲程度,将样片固定（图4-21）。

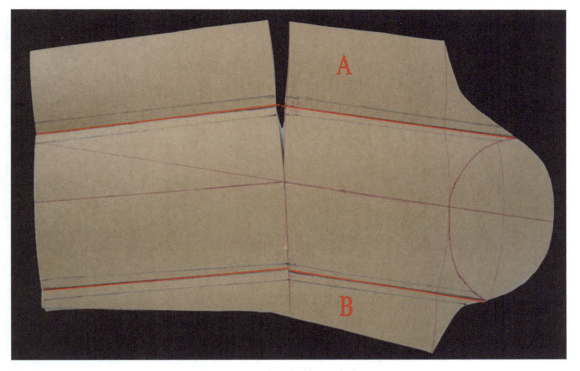

图4-21　打开加量2cm左右

④ 沿着图4-21中的两条红色线将样片剪开，将A、B两片合为一片，就得到两片袖的两个样片（图4-22）。

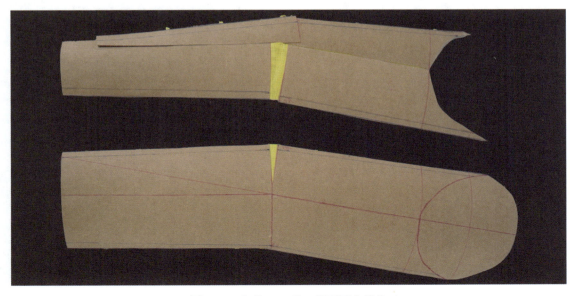

图4-22　合并A、B片，得到两个样片

⑤ 将两个样片拓印在坯布上，剪裁下来并用大头针横别固定在人台上（图4-23），两片袖制作完成（图4-24）。

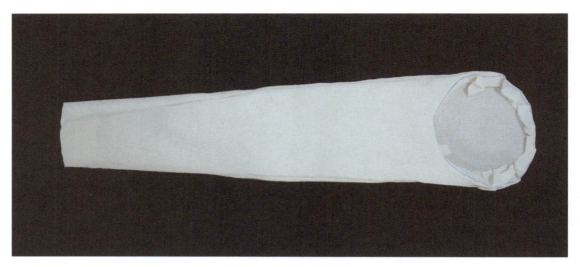

图4-23　坯布裁片固定

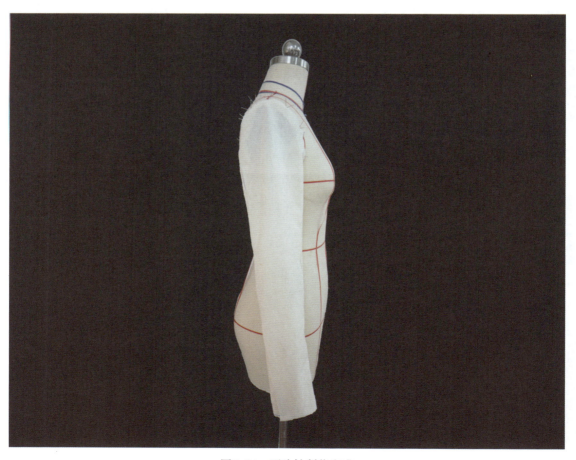

图4-24　两片袖制作完成

任务4.3　插肩袖

　　插肩袖的设计一定程度上弱化了人体肩部粗壮和圆肩的缺点，修饰了头肩比，更显松弛随性。在设计和制作插肩袖时，需要根据具体的尺寸规格表来进行纸样裁剪，以确保成衣的合体和美观。

4.3.1　款式分析

插肩袖元素
秀场图

　　插肩袖是服装设计中一种常见的袖子款式，它的特点是将袖山延伸到领围线或肩线，通常能够达到修饰肩部线条，使宽肩显得更加修长的效果（图4-25）。以下是对插肩袖款式的详细分析。

　　（1）设计特点

　　插肩袖的设计不仅仅是简单的一条分割线，它的结构变化可以非常多样，从袖底到肩膀的设计可以有各种不同的风格和效果。

　　（2）结构原理

　　插肩袖的制图方法涉及袖山高与袖肥的变化，以及制图角度与袖肥的关系。这些因素共同决定了插肩袖的最终形状和穿着效果。

　　（3）审美与功能

　　插肩袖与上肩袖相比，更加注重美观

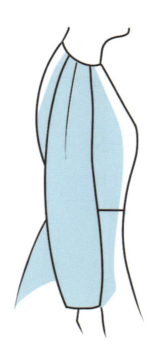

图4-25　插肩袖

和舒适性。上肩袖结构更能凸显肩部的棱角，而插肩袖则提供了更好的活动自由度和舒适感。

　　（4）面料选择

　　插肩袖的款式适合春、夏、秋季穿着，因此在面料的选择上比较广泛。春季和秋季可以选择相对厚实的面料，夏季可以选择较薄的面料以增加透气性和舒适度。

（5）制作注意点

在制作插肩袖时需要注意袖口的处理，通常会在袖口内装橡皮筋以收好袖口，同时也要注意前后领下和下摆的处理方法，以确保整体的穿着效果和舒适度。

总体来说，插肩袖是一种既注重美观又兼顾舒适和实用性的衣袖设计，通过不同的设计和制作技巧，可以创造出多种风格的服装款式。

4.3.2　坯布准备

① 布样长度为袖长加6~8cm，布样宽度为臂根围加6~8cm。

② 将布料对折，折痕即为袖中线，在袖山头预留20cm的肩部预留量，根据袖窿弧线画出袖结构（图4-26）。

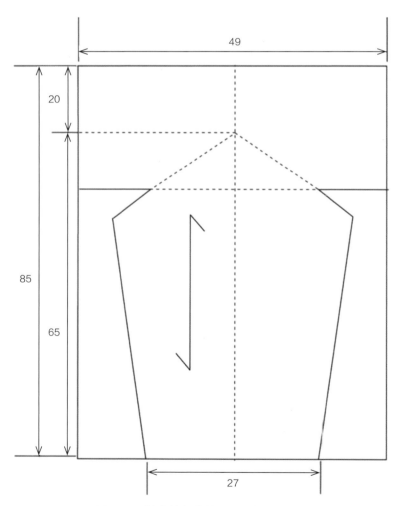

图4-26　插肩袖坯布的裁剪（单位：cm）

4.3.3　插肩袖立体裁剪操作步骤

① 沿人台肩线、袖口线，用标记线进行插肩袖标记（图4-27）。

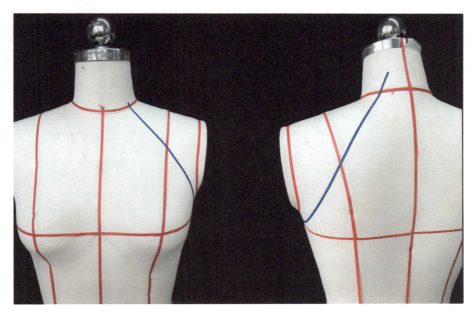

图4-27　贴标记带

② 将坯布前后袖底缝别，剪开袖窿（图4-28）。

③ 在人台上固定袖山底（图4-29），进行立体裁剪，包括标记关键点、降低袖窿、加放缝头以及修顺前后袖窿弧线等步骤。需要注意保持侧缝拼合，并在插肩袖分割线上做适当的描点处理。

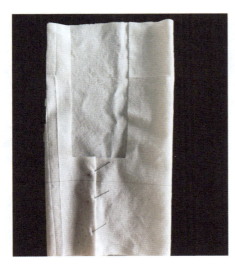

图4-28　前后袖底缝别

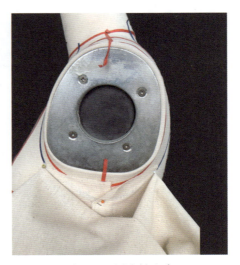

图4-29　固定袖山底

④ 抚平前后袖窿（图4-30）和前后领围线（图4-31），控制好袖肥和松量，确保袖子的舒适度和美观性。

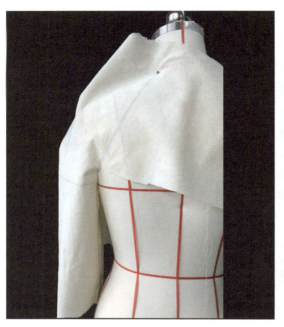

图4-30　抚平前后袖窿

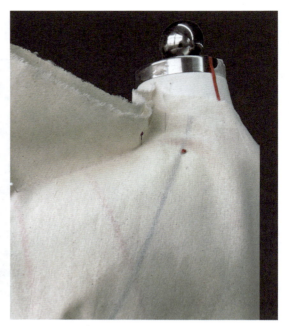

图4-31　抚平前后领围线

⑤ 对前片和后片的袖缝线进行固定（图4-32），对细节进行塑造和调整，确保整体效果符合设计预期，点影（图4-33）。

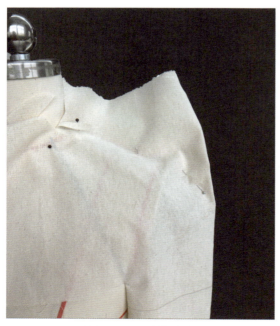

图4-32　固定袖缝线

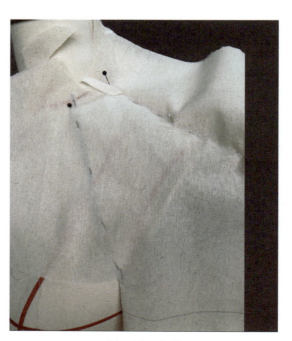

图4-33　点影

⑥ 取下样片进行样片修剪（图4-34），不断检查和修正以确保各个部分的合适度和舒适度，包括领口、袖口、肩线等关键部位的贴合度和线条流畅性。

图4-34　样片修剪

⑦ 将样片用大头针固定，套在人台上，插肩袖制作完成（图4-35）。

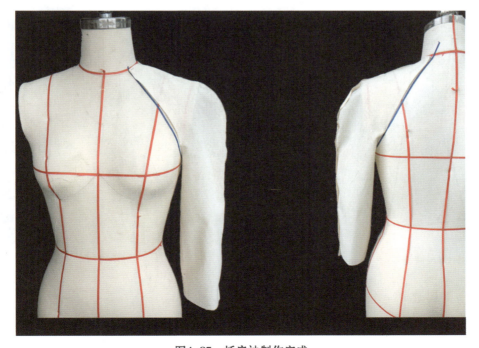

图4-35　插肩袖制作完成

泡泡袖

泡泡袖原名抛袖，其设计可以追溯到被文艺复兴运动深深影响的16世纪的欧洲，展现了浪漫的风格与鲜明的女性特征。在历史的不同时期，泡泡袖以其独特的风格和视觉效果，成为流行的时尚元素。泡泡袖的设计关键在于肩部或手臂上部的蓬松处理，这种设计可以通过加入额外的面料层或者使用褶裥、抽褶等手法实现。设计师可以根据不同的设计理念和风格，调整泡泡袖的体积感和形状，从而达到不同的视觉效果。

4.4.1 款式分析

泡泡袖也称为Puff Sleeve，是一种袖子款式，其特点是在肩部或手臂上部有额外的面料加入，形成蓬松的视觉效果（图4-36、图4-37）。以下是对泡泡袖款式的详细分析。

泡泡袖元素
秀场图

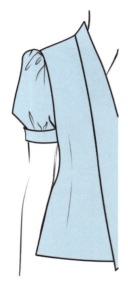

图4-36 泡泡袖

图4-37 泡泡袖成衣展示

（1）面料选择

泡泡袖可以使用多种面料制作，如纯棉、轻纱、皮质、棉麻等，不同材质的面料会带来不同的硬挺效果和风格表现。

（2）搭配与风格

泡泡袖的设计可以与不同的服装元素搭配，例如金属链条、蕾丝边等，可以创造出既优雅又带有街头感的风格。设计师可以通过拆解和重组的方式，将泡泡袖融入不同风格的服装中，从而打破传统定义，创造出新颖的设计作品。

（3）适合人群

泡泡袖虽然具有强烈的视觉效果，但并不适合所有人。身材较为纤细的人穿上泡泡袖可能显得更加饱满，因此在选择时需要考虑个人身形和整体搭配效果。

总体来说，泡泡袖是一种具有独特魅力的服装款式，它能够为穿着者带来不同的风格体验。在设计和选择泡泡袖服装时，需要考虑个人的身材特点、面料的选择以及与其他服装元素的搭配，以达到最佳的穿着效果。

4.4.2　坯布准备

① 布样长度为袖长加6～8cm，布样宽度为臂根围加10～15cm。

② 将坯布对折后找到中心线即为袖中线，在袖中线上由下往上量取20cm做水平线垂直于袖中线。再取一条长40cm、宽15cm的坯布做袖克夫（图4-38）。

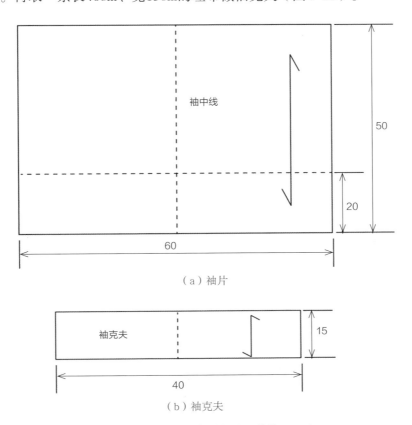

（a）袖片

（b）袖克夫

图4-38　泡泡袖坯布的裁剪（单位：cm）

4.4.3　泡泡袖立体裁剪操作步骤

① 确定前衣身的结构，并根据设计要求调整肩点的高度和袖窿的深度，根据袖中线固定白坯布（图4-39）。

② 在袖山处进行褶皱处理（图4-40），每一个褶皱尽量分布均匀。

图4-39　固定坯布

图4-40　袖山褶皱处理

③ 在人台胸、背宽点处打剪口（图4-41）。

④ 前后袖片下部折转（图4-42），找到对位点并做标记。然后根据设计要求，控制好袖肥和松量。

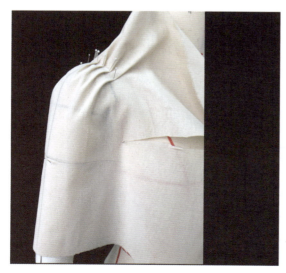

图4-41　在人台胸、背宽点处打剪口

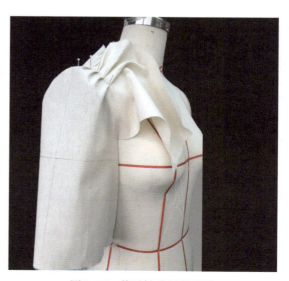

图4-42　前后袖片下部折转

⑤ 调整袖身形态（图4-43），确保袖子的舒适度和美观性。

⑥ 袖口褶皱处理如图4-44所示。用手捏褶或者抽褶的方式，褶皱尽量均匀、美观，用大头针固定好。

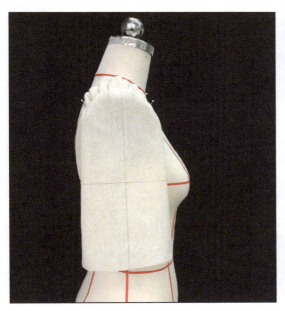

图4-43　调整袖身形态

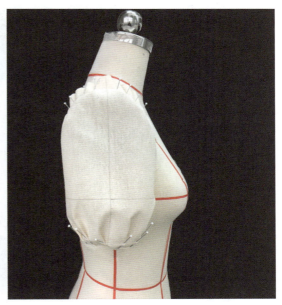

图4-44　袖口褶皱处理

⑦ 注意保持侧缝拼合，并在插肩袖分割线上做适当的点影处理（图4-45）。

⑧ 将样片取下进行修剪（图4-46），将样片用大头针固定，套在人台上，泡泡袖制作完成（图4-47）。

图4-45　点影

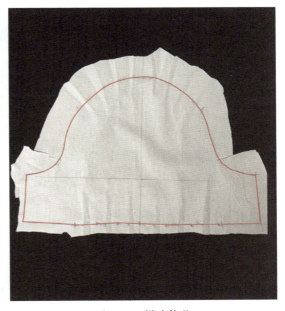

图4-46　样片修剪

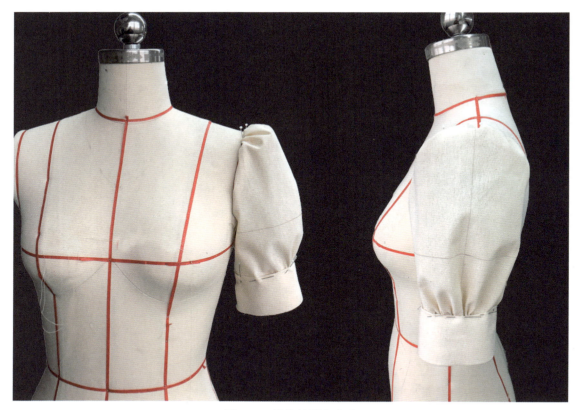

图4-47　泡泡袖制作完成

任务4.5　灯笼袖

　　灯笼袖的设计关键在于其独特的形状，通常在肩部和袖口处有缩褶或皱褶的设计，使得袖子的中间部分宽松膨大。与泡泡袖相比，灯笼袖的主要区别在于袖口的设计，泡泡袖是在袖顶部宽大，而灯笼袖则是在袖口处宽大。

4.5.1　款式分析

　　灯笼袖是一种具有独特造型的衣袖设计，其特点是在肩部有泡起的效果，袖口则相对收紧，整个袖管看起来像灯笼一样鼓起（图4-48）。以下是对灯笼袖款式的详细分析。

灯笼袖元素
秀场图

（1）结构原理

灯笼袖的制作通常涉及特殊的裁剪技术和缝制工艺，以创造出其特有的鼓起效果。在绘制灯笼袖的纸样时，需要特别注意袖山和袖口的缩褶量，以及袖筒中部的宽松度，这些都是影响最终穿着效果的关键因素。

（2）审美与功能

从审美角度来看，灯笼袖能够为服装增添一种复古而又时尚的感觉，适合用于各种风格的服装设计中。功能性方面，由于灯笼袖的设计较为宽松，它可以提供较好的活动自由度，同时也具有一定的保暖性。

（3）流行趋势

近年来，随着复古风潮的兴起，灯笼袖再次成为时尚界的焦点，被广泛应用于各种高端时装和日常服饰中。设计师通过不同的面料、颜色和图案，将灯笼袖的元素融入现代服装设计中，创造出既符合当代审美又具有特色的服装作品（图4-49）。

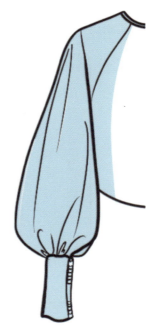

图4-48　灯笼袖

图4-49　灯笼袖成衣展示

总体来说，灯笼袖是一种具有独特魅力的服装元素，它不仅能够提升服装的美观度，而且能够增加穿着的舒适度。无论是在历史还是在现代，灯笼袖都以其独特的风格和实用性，成为服装设计中不可或缺的一部分。

4.5.2　坯布准备

① 布样长度为袖长加10～15cm，布样宽度为臂根围加35～45cm。

② 将坯布对折后找到中心线即为袖中线，在袖中线上由下往上量取20cm做水平线垂直于袖中线（图4-50）。

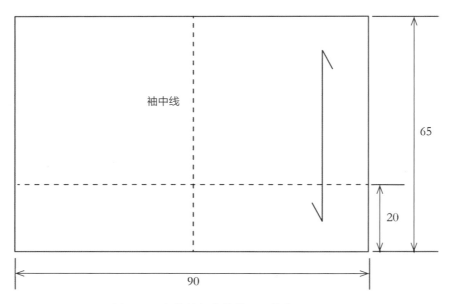

图4-50　灯笼袖坯布的裁剪（单位：cm）

4.5.3　灯笼袖立体裁剪操作步骤

① 在一片袖的基础上（图4-51），将一片袖的基础版型沿着袖中线把袖前片和后片各等分三等份，用笔标记（图4-52）。

图4-51　一片袖基础版型

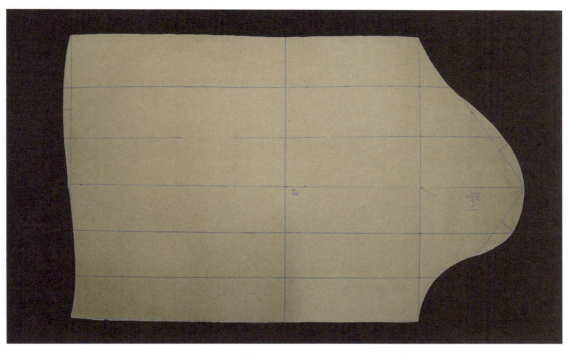

图4-52　沿着袖中线把袖前片和后片各等分三等份

② 从袖口处沿着标记线剪开，剪到袖山处不要剪断，将袖口处展开，等分放量，并进行版型固定，注意量放得越大，袖型越大，褶量越多（图4-53）。

③ 在坯布上进行拓版，边缘放量2cm，修剪样片（图4-54）。

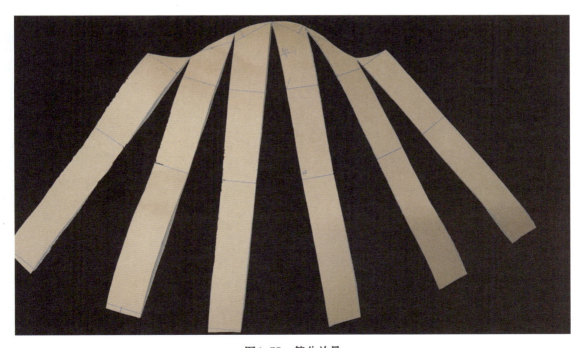

图4-53　等分放量

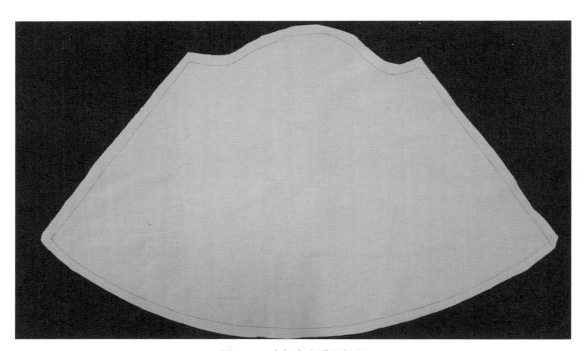

图4-54　在坯布上进行拓版

④ 在袖口处用缝纫机进行抽褶（图4-55），用手调整褶皱的大小，使褶皱尽量均匀、美观。

图4-55　缝纫机抽褶

⑤将袖片用大头针横别固定于人台上，调整袖型，灯笼袖制作完成（图4-56）。

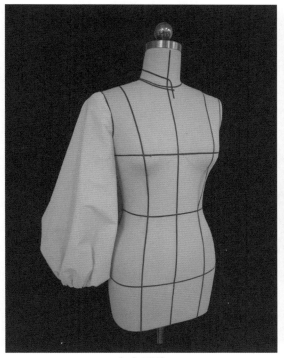
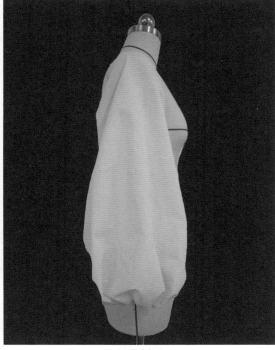

（a）正面   （b）侧面

图4-56   灯笼袖制作完成

思考与练习

1.简述一片袖的造型特点，并动手完成一片袖的立体裁剪。

2.简述两片袖的造型特点，并动手完成两片袖的立体裁剪。

3.简述插肩袖的造型特点，并动手完成郁插肩袖的立体裁剪。

4.简述泡泡袖的造型特点，并动手完成泡泡袖的立体裁剪。

5.简述灯笼袖的造型特点，并动手完成灯笼袖的立体裁剪。

项目 5
裙装的立体裁剪

教学内容	基础原型裙；波浪裙；郁金香裙；连衣裙。
知识目标	掌握基础原型裙、波浪裙、郁金香裙、连衣裙的基本概念与款式特征，理解裙装的构成原理。
能力目标	掌握基础原型裙、波浪裙、郁金香裙、连衣裙的立体裁剪操作方法和步骤。
思政目标	立足时代、扎根人民、深入生活，培养学生正确的服务意识和美育精神，创作具有中华优秀传统文化的作品。

裙装是指覆盖于人体腰部以下的服装，其结构主要受到人体腰围、臀围的影响。现代服饰中，裙装可分为半身裙、连衣裙以及套装裙三大类，运用十分广泛。由于体型的差异、人们不同的穿着习惯以及审美的多样性，大众对裙装的款式和功能有着不同的需求。

本项目基于人台以立体裁剪的方法探索常见的裙装类型，如基础原型裙、波浪裙、郁金香裙和连衣裙，便于学生了解人体结构并能总结出裙装的结构特点与规律，从而设计出符合人体需要且美观的裙型。

任务5.1　基础原型裙

裙装造型多变，根据长度可以分为超短裙、短裙、及膝裙、中长裙、长裙、拖地长裙；根据腰型又可以分为低腰裙、中腰裙、高腰裙。有贴身的紧身裙，也有宽松的裙摆；有造型多样的裙装，也有简约无多余装饰的裙装。作为初学者，首先要掌握基础原型裙，了解女性下半身体型特征，掌握省道的分配原理以及下装放松量原理。

5.1.1　基础原型裙的概念

作为裙装的基本型，基础原型裙也称为直筒裙或直裙。基础原型裙从臀围线开始，侧缝自然垂直地落下，裙摆与臀围线呈直筒H形，整体看上去结构清晰、造型简便，贴合人体（图5-1）。腰臀的差量通过省道的处理使得面料贴合人体，从而展现完美的人体曲线（图5-2）。

基础原型裙
元素秀场图

图5-1　基础原型裙

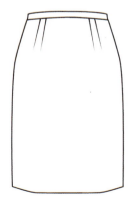

图5-2　基础原型裙平面款式

89

5.1.2　准备工作

（1）款式分析

基础原型裙为两片身，直腰，前后片各4个省道，整体结构呈筒状，款式较为简单。

（2）坯布取样

① 长度。前片长度：裙长加10cm。后片长度：裙长加10cm。前后中心线为坯布的纵向布纹线。

② 宽度。前片宽度：人台1/4臀围加10cm。后片宽度：人台1/4臀围加10cm。腰围、臀围为坯布的横向布纹线（图5-3和图5-4）。

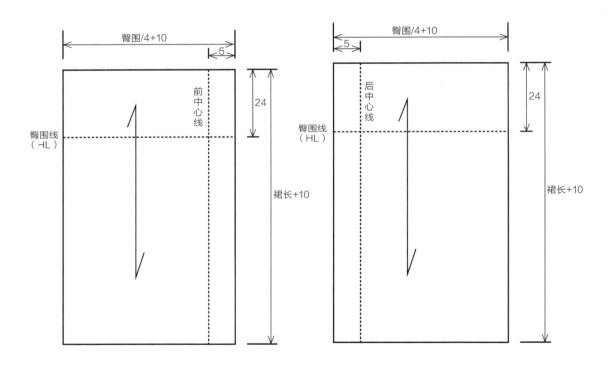

图5-3　前裙片（单位：cm）　　　　图5-4　后裙片（单位：cm）

（3）熨烫

将裁剪好的坯布进行熨烫，纠正丝缕。

（4）人台的准备

在人台上使用红色标记带补充好标志线：腰围线、臀围线、前中腰省线、前侧腰省线、后侧腰省线、后中腰省线（图5-5）。

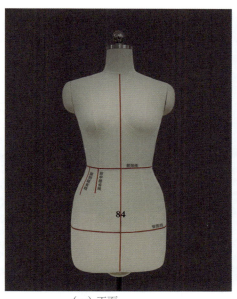
（a）正面

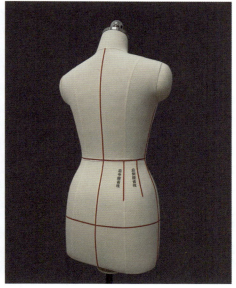
（b）背面

图5-5　贴标记带

5.1.3　前裙片立体裁剪操作步骤

① 固定坯布。取出事先准备的坯布，将前中心线与人台前中心线对齐，用交叉针法固定，并保持臀围线水平，在臀围线侧缝前1cm处用交叉针法进行固定。沿着臀围前中心丝缕上推至腰围线，再用交叉针法在腰围线上进行固定（图5-6）。

（a）正面

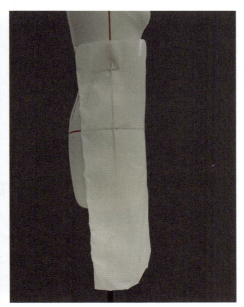
（b）侧面

图5-6　固定坯布

② 前腰部捏省。根据之前做的省道标志线，在保持松量均衡的情境下，沿着前臀围线中点丝缕向上推平至腰围，在确保前侧省道与侧缝的中间丝缕线垂直的情况下捏合省道，并保持臀围线的水平（图5-7）。

③ 点影描图。沿着标记带进行点影（图5-8）。

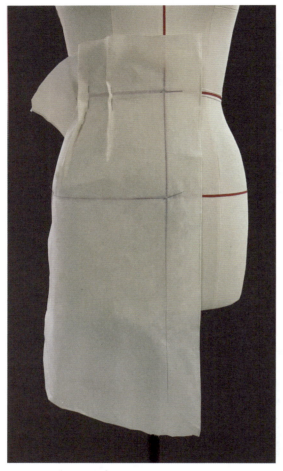 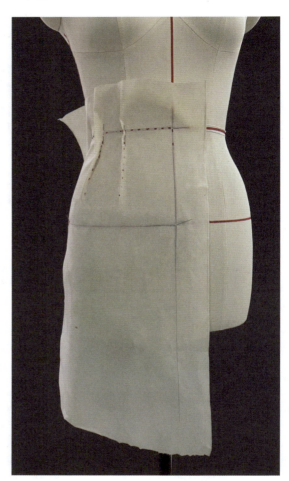

图5-7　前腰部捏省　　　　　　　　　　　图5-8　点影描图

④ 进行回样检验。

5.1.4　后裙片立体裁剪操作步骤

① 固定坯布。取出事先准备的坯布，将后中心线对齐人台后中心线，用交叉针法固定。坯布在臀围线处放0.5～1cm的松量，保持坯布臀围线与人台臀围线对齐，然后在臀围线侧缝处向后1cm，使用交叉针法进行固定。沿着臀围后中心线与后腰省之间的中点丝缕线上推至腰围线处，并使用交叉针法进行固定（图5-9）。

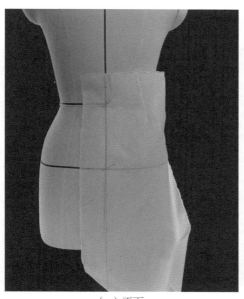
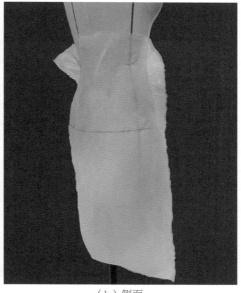

（a）正面　　　　　　　　　（b）侧面

图5-9　固定坯布

　　② 后腰部捏省。根据之前做的省道标志线，在保持松量均衡的情境下，保持后腰两腰省间的中点丝缕线垂直，上推至腰围固定，再用大头针在省道标志线处挑起省尖。捏合省道，保持臀围线水平（图5-10）。由于人体结构臀部凸出，所以后裙片需要捏取的省量要大于前裙片。

　　③ 点影描图。沿着标记带进行点影（图5-11）。

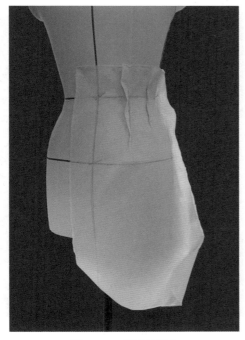
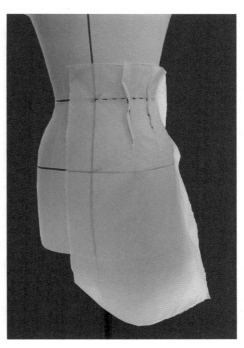

图5-10　后腰部捏省　　　　　　　图5-11　点影描图

④ 进行回样检验。图5-12和图5-13分别为样片修剪和回样检验。

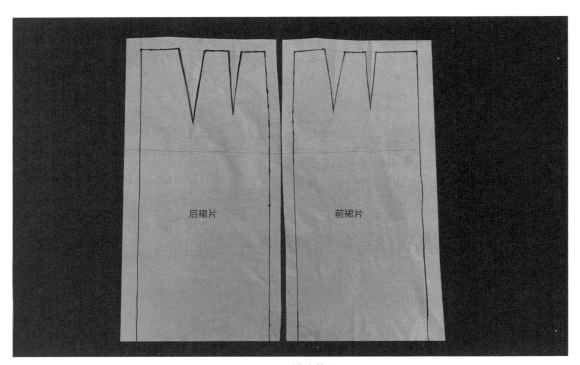

图5-12　样片修剪

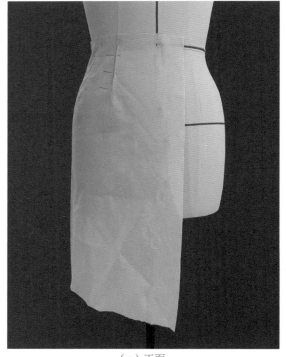

（a）正面

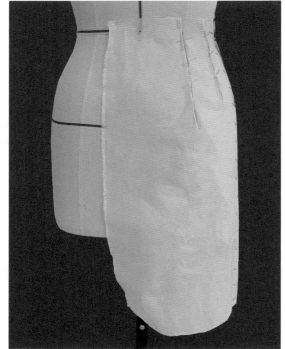

（b）侧面

图5-13　回样检验

任务5.2　波浪裙

波浪裙又称为喇叭裙或斜裙，外观造型为上小下大，呈放射状，自然垂挂形成的波浪裙摆随着人体的运动而摆动起伏，呈现出流动的美感。波浪裙腰部无省道，其廓形受面料性能的影响较大。较为柔软的针织面料、雪纺绸等能制作出轻盈飘逸的波浪裙，质地比较厚重且硬挺的面料制作出的波浪裙造型更硬朗。

波浪裙一般为左右对称，波浪数可以为偶数，也可以为奇数。本任务以前后各四个波浪为特征，裙长至膝盖。

波浪裙元素
秀场图

5.2.1　款式分析

波浪裙为两片身，有腰头，腰部无省道。根据臀腰差，前后各设置4个波浪，整体呈A字形（图5-14）。基于人体特征，腹部平坦，而臀部曲度大，因此侧面波浪较短，中间波浪较长，整体流动感较强。

图5-14　波浪裙

5.2.2　坯布准备

　　前裙片与后裙片长度加10cm左右；前裙片与后裙片宽度在臀围处加20～30cm（图5-15）。

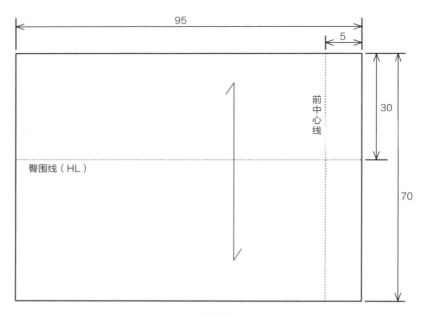

（a）前片化样

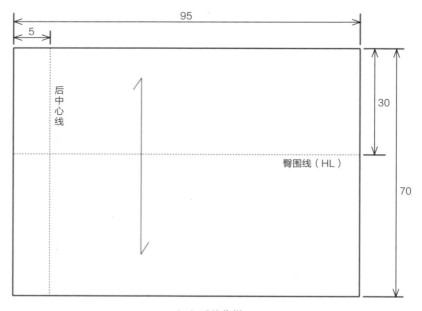

（b）后片化样

图5-15　波浪裙前后片化样（单位：cm）

5.2.3   波浪裙立体裁剪操作步骤

① 贴标记带。沿着腰围线在前中线至侧缝方向1/2左右贴标记，并将其至侧缝的距离进行三等分，贴出前裙片的两个省的位置。沿着腰围线在后中心线的位置往下1cm，贴出新腰围线，并取与前裙片相同的省量，从侧缝线至后中线的方向在腰围线上确定后裙片的两个省（图5-16）。

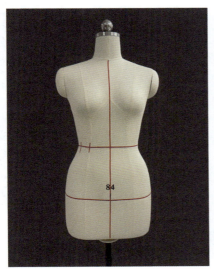 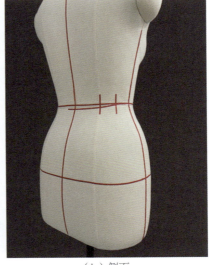

（a）正面　　　　　　　　　　　（b）侧面

图5-16　贴标记带

② 固定坯布。取出事先准备的坯布，将前裙片的前中心线与人台前中心对齐，用交叉针法固定（图5-17）。

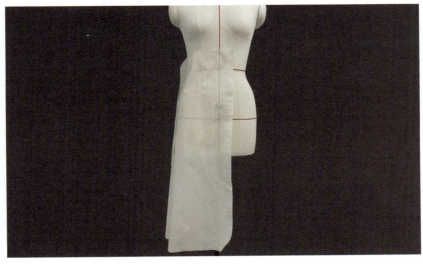

图5-17　固定坯布

③ 确定第一个波浪。首先，使用剪刀工具沿着腰口剪开，在确定的第一个波浪位置处向下做剪口。然后，沿着剪口方向往下捏住下摆的位置并往外拉，直到拉出所需的波浪（图5-18）。

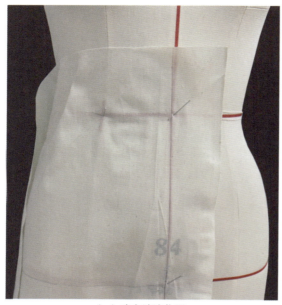

（a）确定波浪位置　　　　　　　　　　　　　（b）做剪口

图5-18　确定第一个波浪

④ 完成其余波浪。按标记的位置在腰部做剪口，用完成第一个波浪的手法完成其余波浪（图5-19）。可以用大头针进行固定，以防波浪移位（图5-20）。

图5-19　完成其余波浪　　　　　　　　　　　图5-20　用大头针固定

⑤调整波浪。做完波浪后，调整波浪的形态、位置与大小。

⑥后裙片操作方式与前裙片一致（图5-21）。

（a）固定后裙片坯布

（b）做剪口

（c）拉出第一个波浪

（d）完成其余波浪

图5-21

（e）进行固定　　　　　　　　　　　（f）贴标记带

图5-21　完成波浪裙后片

⑦ 点影描图。沿着腰口部分进行点影。

⑧ 进行回样检验。图5-22和图5-23分别为样片修剪和回样检验。

图5-22　样片修剪

（a）正面

（b）侧面

图5-23　回样检验

任务5.3　郁金香裙

郁金香裙亦可称花苞裙，因形状像郁金香花而得名。整体造型像含苞待放的花朵，包裹着人体的下半身，露出女性纤细的双腿，从而展现姣好的曲线美。

5.3.1　款式分析

郁金香裙为四片式，前后各两片。其中前面右片叠加包裹左片，左右两片的底摆形状类似花瓣形状（图5-24）。

郁金香裙
元素秀场图

图5-24　郁金香裙

5.3.2　坯布准备

① 裙长。两份裙前片，左前片与右前片裙长都加10cm左右；裙后片裙长加10cm左右。

② 裙宽。两份裙前片，左前片与右前片裙宽皆为1/2臀围加10cm左右；裙后片裙宽为1/4臀围加10cm左右（图5-25～图5-27）。

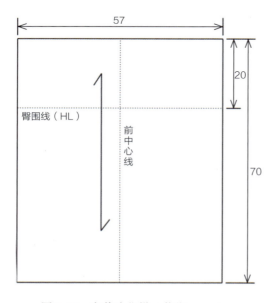

图5-25　左前片化样（单位：cm）

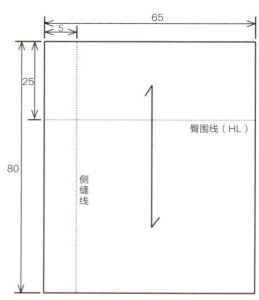

图5-26　右前片化样（单位：cm）

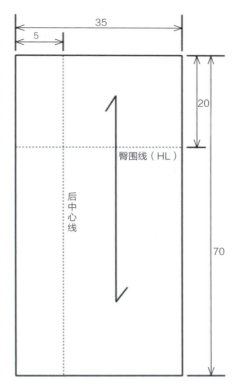

图5-27 后片化样（单位：cm）

5.3.3 前裙片立体裁剪操作步骤

① 贴标记带。根据款式图贴标记带（图5-28）。

② 固定左前裙片。取出事先准备的坯布，将左前裙片固定在人台上。注意坯布上的前中心线、臀围线要与人台上的前中心线、臀围线对齐，并用交叉针法进行固定（图5-29）。

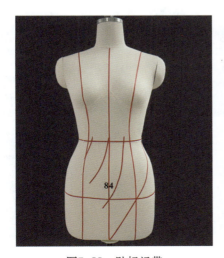

图5-28 贴标记带

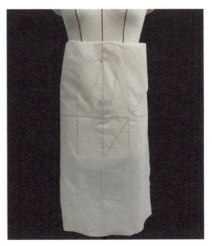

图5-29 固定左前裙片

③ 抚平臀围线。以前中心线为基准分别向左右两侧水平抚平臀围线，使坯布上的臀围线与人台的臀围线对齐并固定。

④ 抚平侧缝线。固定臀围线后在其固定点从下往上抚平两侧侧缝线并固定（图5-30）。

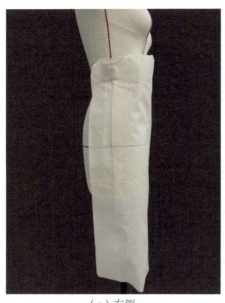 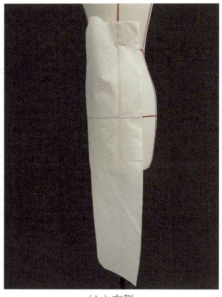

（a）左侧　　　　　　　　　　　　　　　　（b）右侧

图5-30　抚平侧缝线与臀围线

⑤ 前腰部捏省。将固定好的坯布两侧多余出的松量捏成腰省，省尖的位置不超过臀围线（图5-31）。

⑥ 裙摆标记带标记。在固定的坯布上使用标记带进行郁金香裙裙摆标记带标记（图5-32）。

 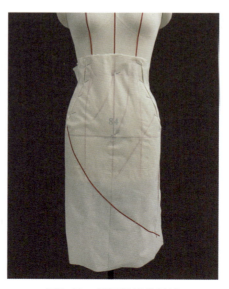

图5-31　前腰部捏省　　　　　　　　　**图5-32　裙摆标记带标记**

⑦ 修剪裙摆造型。沿着裙摆标记带将多余的部分进行修剪，留出适量的缝份（图5-33）。

⑧ 固定右前裙片。取出事先准备的坯布，将右前裙片固定在人台上。注意坯布上的侧缝线、臀围线要与人台上的侧缝线、臀围线对齐，并用交叉针法进行固定（图5-34）。

图5-33　修剪裙摆造型

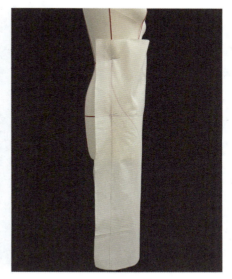

图5-34　固定右前裙片

⑨ 前腰部捏省。在固定好的右前裙片上进行捏省。注意位置在侧缝线与前公主线之间，省量不宜过大且省尖不超过臀围线（图5-35）。

⑩ 捏腰褶。根据人台上的标记带，将右前裙片上提，根据标记带的位置捏取腰褶（图5-36）。

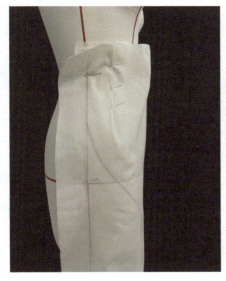

图5-35　前腰部捏省

图5-36　捏腰褶

⑪ 裙摆标记带标记。在右前裙片上使用标记带进行郁金香裙裙摆标记带标记（图5-37）。

⑫ 修剪裙摆造型。沿着右裙片的裙摆标记带将多余的部分进行修剪，留出适量的缝份（图5-38）。

图5-37　裙摆标记带标记

图5-38　修剪裙摆造型

⑬ 点影描图。沿着标记带进行点影，并做好样片修剪（图5-39）。

⑭ 进行回样检验。

图5-39　样片修剪

5.3.4　后裙片立体裁剪操作步骤

　　① 固定后裙片。取出事先准备的坯布，将坯布固定在人台上。注意坯布上后中心线、臀围线要与人台的后中心线、臀围线对齐，并用交叉针法进行固定（图5-40）。

　　② 固定臀围线。首先将坯布上的臀围线与人台上的臀围线对齐，水平抚平并固定，保持臀围线水平。然后分别向上、向下抚平侧缝线，再用交叉针法进行固定（图5-41）。

　　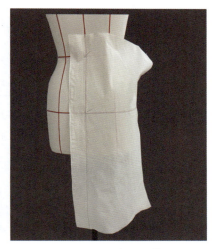

图5-40　固定后裙片　　　　　　　　图5-41　固定臀围线

　　③ 后腰部捏省。固定臀围线后，将其多余的量捏成一个省。由于人体结构臀部凸出，所以后裙片需要捏取的省量要大于前裙片（图5-42）。

　　④ 点影。沿着标记带进行点影，并做好样片修剪（图5-43）。

　　⑤ 进行回样检验。

图5-42　后腰部捏省　　　　　　　　图5-43　样片修剪

任务5.4　连衣裙

　　连衣裙是指覆盖人体上下身，上衣和裙子连成一体的裙装。连衣裙种类繁多，按外轮廓特征可分为字母型、物象型、几何型、体态型等。按照字母表现连衣裙的造型特征可以分为H形、X形、S形、O形、V形、A形。其中H形连衣裙是连衣裙中的基础造型，掌握H形连衣裙能为其他连衣裙的立体裁剪学习打下基础，因此H形连衣裙是本任务的主要内容。

连衣裙元素
秀场图

5.4.1　款式分析

　　H形连衣裙的裙身廓形为H形合体直身结构。根据体型前后片各设置两个腰省和两个袖窿省。前片从BP点到腰围处形成自然褶皱，体现出腰围、臀围的自然曲线。裙长100cm，在后中位置设拉链（图5-44）。

图5-44　连衣裙

5.4.2　坯布准备

① 裙长。两份裙前片，裙长都加10cm左右；两份裙后片，裙长都加10cm左右。

② 裙宽。裙前片裙宽为1/4臀围加10cm左右；裙后片裙宽为1/4臀围加10cm左右（图5-45和图5-46）。

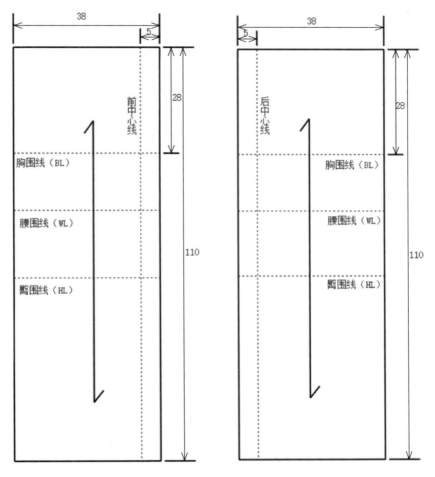

图5-45　前片化样（单位：cm）　　　　图5-46　后片化样（单位：cm）

5.4.3　前裙片立体裁剪操作步骤

① 贴标记带。圆领的H形连衣裙，在原来的领围线上下降3cm左右贴上新的领围线（图5-47）。

② 固定坯布。取出事先准备好的坯布，将坯布上的前中心线、腰围线对齐人台的前中心线与腰围线，使用交叉针法进行固定（图5-48）。

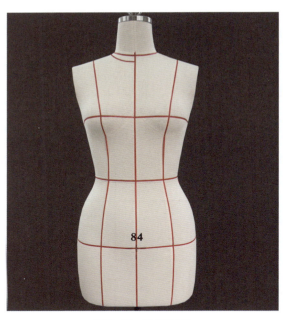

图5-47　贴标记带

图5-48　固定坯布

③ 抚平侧缝线。确定坯布胸围线、臀围线与人台胸围线、臀围线对齐后，可用大头针将侧缝线固定，由于人体结构侧面呈曲线，因此需要通过打剪口使布料与人台相贴合（图5-49）。

④ 抚平领围线。顺着前领围抚平布料，在前领围标记带处预留1～2cm的缝份，修剪多余布料，注意一边抚平领围一边打剪口，使布料和人台的颈围处自然贴合（图5-50）。

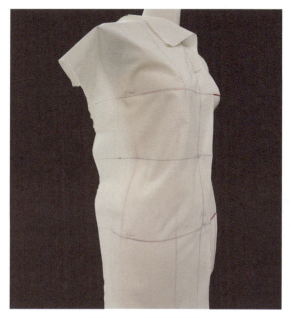

图5-49　抚平侧缝线

图5-50　抚平领围线

⑤ 抚平肩部。将肩部多余的量往袖窿方向推，以此抚平肩部，然后使用交叉针法在肩端点处进行固定（图5-51）。

⑥ 确定袖窿省。抚平肩部后，从肩端点往下推余量，同时从胸围线处往上推余量，将胸围线上部与肩端点之间的余量捏成袖窿省，省尖点指向BP点，并用大头针固定在胸宽点与背宽点处（图5-52）。

 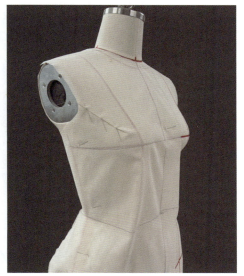

图5-51　抚平肩部　　　　　　　　　　　图5-52　确定袖窿省

⑦ 捏取腰省。在腰部从侧缝线往前中心线推余量，同时从前中心线往侧缝线推余量，在公主线位置捏成腰省。注意两端的省尖不能超过胸围线和臀围线，使用交叉针法固定在腰省两侧（图5-53）。

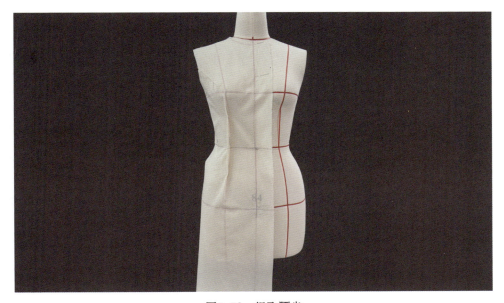

图5-53　捏取腰省

⑧ 点影。沿着标记带、省尖与省尖消失处进行点影（图5-54）。

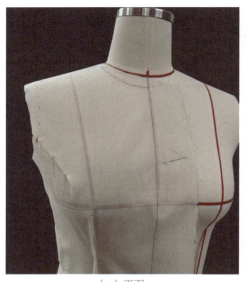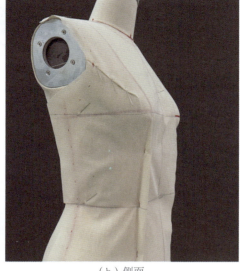

（a）正面 　　　　　　　　　　　　　　　　（b）侧面

图5-54　点影

5.4.4　后裙片立体裁剪操作步骤

① 固定坯布。取出事先准备好的坯布，将坯布上的后中心线、胸围线、腰围线、臀围线对齐人台的后中心线、胸围线、腰围线、臀围线，使用交叉针法进行固定（图5-55）。

② 抚平后领圈与肩线。沿着人台上后领围的标记带预留1~2cm处进行修剪，抚平领围时进行打剪口，使坯布更服帖在人台上，同时抚平肩部，并用交叉针法在肩端点处固定（图5-56）。

图5-55　固定坯布　　　　　　　　　图5-56　抚平后领圈与肩线

　　③ 抚平后袖窿弧线。从肩部往下顺着标记带一边抚平袖窿弧线一边打剪口，使其圆顺、服帖（图5-57）。

　　④ 抚平侧缝线。从袖窿弧线底部由上往下抚平侧缝线，并用交叉针法进行固定（图5-58）。

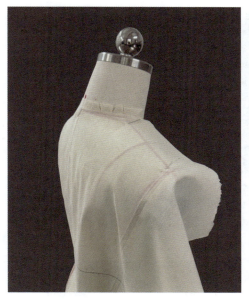
图5-57　抚平后袖窿弧线

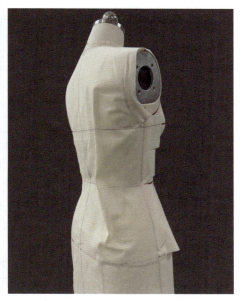
图5-58　抚平侧缝线

　　⑤ 捏取后腰省。将背部的余量在公主线的位置捏成腰省，并用双针进行固定（图5-59）。

　　⑥ 点影。沿着标记带、省尖与省尖消失处进行点影（图5-60）。

图5-59　捏取后腰省

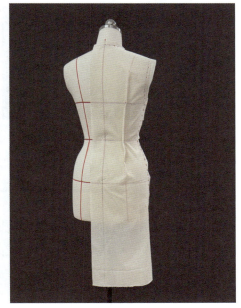
图5-60　点影

⑦ 进行样片修剪与回样检验（图5-61和图5-62）。

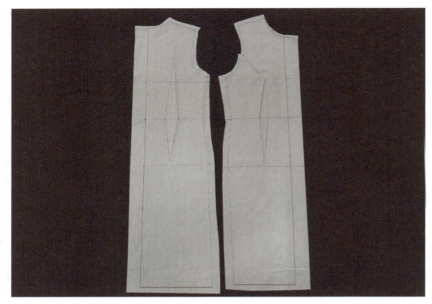

图5-61　样片修剪

（a）正面　　　　　　　　　　　　　　　（b）背面

图5-62　回样检验

思考与练习

1. 简述原型裙的造型特点，并动手完成原型裙的立体裁剪。

2. 简述波浪裙的造型特点，并动手完成波浪裙的立体裁剪。

3. 简述郁金香裙的造型特点，并动手完成郁金香裙的立体裁剪。

4. 简述连衣裙的造型特点，并动手完成连衣裙的立体裁剪。

项目 6
服装立体构成艺术

教学内容 褶饰法；填充法；堆积法；编织法；镂空法；缠绕法。

知识目标 掌握褶饰法、填充法、堆积法、编织法、镂空法以及缠绕法等各类立体裁剪的手法。

能力目标 掌握褶饰法、填充法、堆积法、编织法、镂空法以及缠绕法立体裁剪的操作技巧，并且能综合运用、融会贯通。

思政目标 树立文化自信，增强人文素养，培养学生良好的团队协作和沟通能力。

在服装发展史中，由于东西方文化的差异，东方的服装以二维造型为主，而西方服装以三维造型为主。服装立体构成起源于西方，反映了西方人对空间的探求心理。最初的立体构成以平面裁剪为基础，在人体穿着后进行立体修正。随着东西方文化的深入交流以及广泛运用，世界范围内都兴起了服装立体构成。立体构成手法的创新与应用使得现代服饰呈现更丰富、更绚丽、更立体的视觉效果。

服装立体构成艺术是材料再造的艺术表现形式，即通过运用各种不同的手法对原有的材料进行改造，在形式、质感或者肌理上改变原有材料的呈现方式，从而达到更丰富的视觉效果。本项目主要讲解分析服装立体构成中常见的褶饰法、填充法、堆积法、编织法、镂空法以及缠绕法。

任务6.1 褶饰法

褶饰法是服装立体裁剪中较为常见的手法之一。一般通过有规律或无规律的方法将布料进行折叠或抽缩，从而呈现出各种形式的褶纹效果。通过褶饰法，可以使原本平整的布料呈现出立体感的外观造型，穿着于人体能增添生动感和韵律感，更显生动活泼。受到面料、抽缩比例、位置等因素的影响，褶纹形成的效果也各不相同。根据服装褶纹呈现的不同表现效果，有叠褶、垂坠褶、波浪褶、抽褶、堆褶等。

6.1.1 叠褶

叠褶是服装立体裁剪褶饰法中最常见的手法之一。叠褶的效果多样，以点或线为单位起褶，主要分为直线折叠和曲线折叠。通过将原本平面的材质正反方向进行反复折边，使得原本平面的材质形成多个窄长条形从而创造出具有丰富层次和立体感的服装造型（图6-1）。其中，直线折叠有着修长、

图6-1　叠褶法立体裁剪

简约的特点，可以在肩部、胸部、腰部等部位使用，也可以用于整体造型；曲线折叠有着更多变的特点，通过旋转、扭曲等手法可以塑造出不同的造型，适用于肩部、胸部、腰部、裙身等部位。

在立体裁剪中运用叠褶法，层层叠叠有规律的折边给人一种整体感与秩序感，穿着在人体上，既能贴合人体曲线结构，更增添服装的丰富性（图6-2）。

图6-2　叠褶服装

6.1.2　垂坠褶

服装立体裁剪中的垂坠褶通常采用轻薄且柔软的面料，通过面料自身的重量和悬垂性形成自然褶皱效果。自然形成的褶皱疏密有致、柔和流畅、优雅华丽，给服装增添了层次感和动态感。在服装中，垂坠褶适用于胸部、背部等部位（图6-3）。

图6-3　垂坠褶服装

6.1.3　波浪褶

　　服装立体裁剪中的波浪褶就是通过面料内外圈边长的不一致，使得外圈多出的布量自然形成波浪式褶纹，内外圈差量越大，波浪褶纹越多。波浪褶呈现自由流动、轻盈奔放、灵动自然且浪漫的特点，服装中波浪褶多用于裙摆或各部位的饰边（图6-4）。

图6-4　波浪褶服装

6.1.4　抽褶

　　服装立体裁剪中的抽褶是指将原本平坦的布料进行针线平缝后，将所缝的部分进行抽缩，从而使得平缝处布料缩在一起达到自然的褶皱效果。抽褶在服装造型中一般运用于前中心线、侧缝或袖口等处（图6-5和图6-6）。

图6-5　抽褶法立体裁剪

图6-6　抽褶服装

6.1.5　堆褶

　　服装立体裁剪中的堆褶是指将布料进行堆积与挤压，从而使布料呈现起伏生动的立体褶皱效果。堆褶法可以使服装在视觉上更具层次感和立体感，同时增加服装的动感和时尚感（图6-7）。

图6-7　堆褶服装

填充法

　　服装立体裁剪中，填充法是指在服装的特定部位填进不同材质的填充物作撑垫，从而创造出特定的形状和轮廓（图6-8）。相比褶饰法，运用填充法的服装显得更为厚重与蓬松，具有独特的艺术感，使得服装造型更具创新性。

图6-8　填充法立体裁剪

　　著名服装设计师川久保玲就非常擅用填充法。通过填充法，她设计的服装"奇形怪状"，通过夸张的比例与填充，使得服装形状不再服务于人体曲线，消除了人体和衣服之间的刻板印象，对"人体"和服装的裁剪进行了分割开来的尝试。她的设计既是对服装立体裁剪填充法的颠覆性应用，也是对女性精神崛起的探讨（图6-9）。

图6-9　川久保玲2022年秋冬秀场

任务6.3 堆积法

在服装立体裁剪中，堆积法是较为常见的方法之一。堆积法是指将独立的立体造型元素通过有规律或无规律的排列、堆叠在一起，从而产生强烈的立体感和层次感（图6-10）。

图6-10 堆积法服装

在运用堆积法时，单个元素的重复并非简单的复制，可以在色彩、体积大小等方面进行变化和调整。并且堆积的位置应遵循形式美的基本原则，避免无序堆砌导致的混乱感。

任务6.4 编织法

在服装立体裁剪中，编织法是指将原本平面的面料折成条或弯曲缠绕成绳状，通过横向和纵向相互交织形成编织面料。在编织的过程中，这些布条、布绳类的材料可以通过有规律的调整形成疏密有致且富有美感的交叉纹理。

不同的编织手法可以创造出不同效果的编织面料，选取不同的材料进行编织也能展现不同的面料质感。平整的布条加上有序的编织通常给人一种秩序感，质朴且优雅，将未编织完成的布条留在服装上又给服装增加了流动性，体现紧密有致，使服装更显丰富性（图6-11）。布绳这类材料，其原本的条状特性使得服装立体感更强，更具运动感（图6-12）。

图6-11　编织法立体裁剪

图6-12　编织法服装

任务6.5　镂空法

　　服装立体裁剪中，镂空法是指对面料进行图案的局部切除，使得原本完整的面料转变为不完整（图6-13）。通过局部切割，面料表面出现不规律或规律的镂空，在光影作用下，镂空的图案若隐若现，呈现出破碎又迷离的美感。

图6-13　镂空法立体裁剪

　　镂空法主要分为两类：一类是将需要镂空的图案完整地进行切割，像剪纸一样透出皮肤或底层服装材质；另一类是不将需要镂空的图案全部切除，而是留出部分不切除，使得服装整体更显灵动感（图6-14）。

图6-14

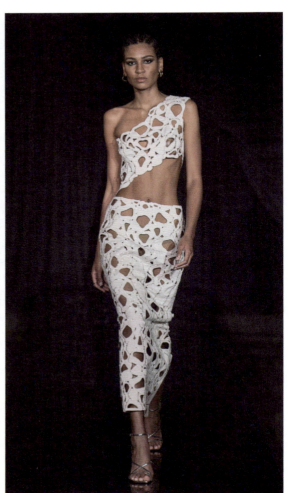

图6-14 镂空法服装

任务6.6 / 缠绕法

在服装立体裁剪中，缠绕法是指将面料有规律或无规律地缠绕在人体或人台上，通过缠绕形成的肌理展现各种造型设计。缠绕法多用于腰部、胸部，由于人体的曲线性，缠绕的面料形成自然的褶纹，流动性强，使得整体造型生动活泼（图6-15）。

通常情况下，多采用弹性好、有光泽的面料进行缠绕，这类面料使用缠绕法后使立体造型更具艺术感染力。

图6-15　缠绕法服装

思考与练习

1. 简述褶饰法的工艺特征。

2. 简述缠绕法的工艺特征。

3. 用编织法设计一件作品。

4. 将几种非常规材料组合，以本项目所学的立体裁剪技法设计一系列的服装。

参考文献

[1]周朝晖，罗岐熟，许少玲.服装立体裁剪[M].南京：南京大学出版社，2019.

[2]杨妍，唐甜甜，吴艳.服装立体裁剪与设计[M].北京：化学工业出版社，2021.

[3]边沛沛.服装立体裁剪[M].上海：东华大学出版社，2020.

[4]陈思云，程晓莉，陈明伊.立体裁剪[M].沈阳：东北大学出版社，2021.

[5]张蕾，许梦婷.服装立体裁剪[M].南京：江苏凤凰教育出版社，2018.

[6]张文斌.服装立体裁剪[M].北京：中国纺织出版社，2002.

[7]张文斌.服装立体裁剪·提高篇[M].上海：东华大学出版社，2014.

[8]纪婧.服装立体裁剪[M].沈阳：辽宁科学技术出版社，2008.

[9]郑红霞，许敏，庄立新.服装立体裁剪[M].北京：中国纺织出版社，2017.

[10]毛恩迪，王学.服装立体裁剪教程[M].北京：中国纺织出版社，2021.

[11]张惠晴.服装立体裁剪与设计[M].郑州：河南科学技术出版社，2017.

[12]崔学礼.服装立体裁剪[M].上海：东华大学出版社，2020.

[13]李正，徐崔春，李玲，等.服装学概论[M].北京：中国纺织出版社，2014.